WELT DER ZAHL 3

Herausgegeben von
Prof. Dr. Hans-Dieter Rinkens
Dr. Thomas Rottmann
Gerhild Träger

Erarbeitet von
Steffen Dingemans, Jörg Franks, Claudia Neuburg, Kerstin Peiker,
Prof. Dr. Andrea Peter-Koop, Prof. Dr. Hans-Dieter Rinkens,
Dr. Thomas Rottmann, Michaela Schmitz, Gerhild Träger

Unter Beratung von
Corinna Herf, Verena Hofmann, Hildegard Thonet

Schroedel
westermann

Inhaltsverzeichnis

Themen		Inhaltsbezogene Kompetenzen	Prozessbezogene Kompetenzen				
			P	M	A	K	D
Wiederholung und Vertiefung	4 – 15						
Wiederholung Addieren und Subtrahieren	4 – 6	Einfaches Rechnen festigen				●	●
Kreative Aufgaben: Regelwürmer	7	Zahlenmuster erkennen und fortsetzen	●		●	●	
Addieren und Subtrahieren zweistelliger Zahlen	8 – 9	Strategien und Rechengesetze nutzen			●	●	●
Den Zahlenblick schärfen	10	Zahlbeziehungen nutzen	●			●	
Multiplizieren	11 – 13	Zahlensätze des Einmaleins festigen				●	●
Kreative Aufgaben: Multi-Pack	13	Zusammenhänge zwischen Multiplizieren und Dividieren nutzen	●	●	●		
Dividieren ohne und mit Rest	14 – 15		●	●	●	●	
Zeit	16 – 17						
Uhrzeit und Dauer	16	Sprech- und Schreibweisen bei Zeitangaben kennen und anwenden				●	●
Ninas Schultag	17		●			●	●
Zahlenraum bis 1000	18 – 29						
Bündeln und zerlegen	18 – 21	Prinzip der Zehnerbündelung verstehen		●	●	●	●
Stellentafel	22 – 23	Stellenwertschreibweise verstehen	●			●	●
Den Zahlenblick schärfen	24	Bedeutung der Stellenwerte entdecken				●	●
1000 Meter	25	Zahlvorstellung vertiefen			●	●	
Zahlenstrahl bis 1000	26 – 28	Beziehungen zwischen Zahlen aufdecken				●	●
Leicht oder schwer?	29	Eigene Kompetenzen einschätzen	●			●	
Körper	30 – 33						
Körperformen	30	Namen und Eigenschaften angeben		●		●	
Körper aus verschiedenen Perspektiven	31	Lagebeziehungen erkennen	●	●	●	●	
Bauen mit Würfeln	32 – 33	Würfelgebäude nach Plan erstellen	●	●	●	●	
Flexibles Addieren und Subtrahieren	34 – 47						
Rechnen in einem Hunderter	35	Kenntnisse und Fertigkeiten übertragen			●	●	●
Addieren über den Hunderter	36 – 37	Strategien und Rechengesetze anwenden	●		●	●	●
Den Zahlenblick schärfen	38	Zahlbeziehungen nutzen	●		●	●	
Erst schätzen, dann rechnen	39	Ergebnisse abschätzen	●			●	
Subtrahieren	40 – 43	Strategien und Rechengesetze anwenden	●		●	●	●
Den Zahlenblick schärfen	42	Ergebnisse abschätzen	●			●	
Rechnen mit Geld	44 – 45	Kommaschreibweise verwenden			●	●	●
Zahlenrätsel	46	Fachbegriffe verwenden	●			●	
Leicht oder schwer?	47	Eigene Kompetenzen einschätzen	●			●	
Gewichte und Sachrechnen	48 – 55						
Gramm und Kilogramm	48 – 50	Gewichte von vertrauten Dingen angeben			●	●	●
Kreative Aufgaben: Zahlenrätsel mit der Waage	51	Gleichungen an der Balkenwaage lösen	●		●	●	
Große Gewichte	52 – 53	Gewichte vergleichen und ordnen			●	●	●
Rechentabelle als Lösungshilfe	54 – 55	Rechentabelle in Sachsituationen nutzen			●	●	●
Kannst du das noch?	56	Erworbene Kenntnisse anwenden				●	●
Kannst du das auch?	57	Problemhaltige Aufgaben lösen	●			●	
Zehner-Einmaleins	58 – 63						
Multiplizieren und Dividieren mit Zehnern	58 – 60	Zahlensätze des Zehner-Einmaleins kennen				●	●
Rechnen mit 100, 50, 25	61	Hunderter in 50er und 25er zerlegen			●	●	
Kreative Aufgaben: Malplus	62	Arithmetische Strukturen erkennen	●			●	●
Rechnen mit Geld	63	Kommaschreibweise verwenden			●	●	
Quader und Würfel	64 – 67						
Quader und Würfel	64 – 65	Kantenmodelle herstellen		●	●	●	
Würfelnetze	66 – 67	Würfelnetze finden	●	●	●	●	

Inhaltsverzeichnis

Themen		Inhaltsbezogene Kompetenzen	Prozessbezogene Kompetenzen				
			P	M	A	K	D
Multiplizieren und Dividieren	68 – 79						
Multiplizieren mit Einern	68 – 69	Zerlegungsstrategien anwenden	●		●	●	●
Fehlerforscher und Zahlenblick	70	Fehlerquellen bewusst machen	●		●	●	
Kreative Aufgaben: Rechnen mit Ziffernkarten	71	Ergebnisse abschätzen	●		●	●	
Dividieren durch Einer	72 – 73	Divisionsaufgaben mit Zerlegungsstrategien lösen	●		●	●	●
Dividieren mit Rest	74		●		●	●	
Übungen zum Multiplizieren und Dividieren	75	Aufgaben aller vier Grundrechenarten lösen			●	●	
Rechnen mit Geld	76 – 77	Kommaschreibweise verwenden		●		●	●
Kreative Aufgaben: Malplus	78	Zahlbeziehungen und Rechengesetze nutzen	●		●		
Leicht oder schwer?	79	Eigene Kompetenzen einschätzen	●			●	
Längen und Daten	80 – 87						
Längen	80	Längen bei vertrauten Dingen angeben		●		●	●
Zentimeter und Millimeter	81	Längenangaben in unterschiedlichen Schreibweisen darstellen		●			●
Meter und Zentimeter	82 – 83			●		●	●
Fermi-Aufgabe: Stau auf der Autobahn	84	Problemstellung und Lösung erschließen	●	●	●	●	●
Kreisdiagramm und Balkendiagramm	85 – 87	Daten erheben und grafisch darstellen		●		●	●
Kannst du das noch?	88	Erworbene Kenntnisse anwenden				●	●
Kannst du das auch?	89	Problemhaltige Aufgaben lösen	●			●	
Schriftliches Addieren	90 – 95						
Schriftliches Addieren	90 – 92	Schriftliches Rechenverfahren verstehen			●	●	●
Den Zahlenblick schärfen	93	Angemessene Wege und Verfahren benutzen	●		●	●	
Erst schätzen, dann rechnen	94	Ungefähre Größenordnung angeben	●		●	●	
Rechnen mit Geld	95	Kommaschreibweise verwenden		●		●	●
Ebene Figuren	96 – 101						
Figuren vergrößern und verkleinern	96 – 97	Maßstäblich vergrößern und verkleinern				●	●
Achsensymmetrie	98 – 100	Achsensymmetrische Figuren auf Karopapier konstruieren und am Geobrett erzeugen				●	●
Spiegeln am Geobrett	100					●	●
Flächeninhalt am Geobrett	101	Flächeninhalt ebener Figuren vergleichen	●		●	●	●
Schriftliches Subtrahieren	102 – 109						
Schriftliches Subtrahieren	102 – 105	Schriftliches Rechenverfahren verstehen			●	●	●
Den Zahlenblick schärfen	106	Angemessene Wege und Verfahren benutzen	●		●	●	
Schätzen, rechnen, kontrollieren	107	Größenordnung schätzen, Probe durchführen	●		●	●	
Rechnen mit Geld	108	Kommaschreibweise verwenden		●		●	●
Kreative Aufgaben: Minus-Zug	109	Regelmäßigkeiten entdecken	●		●	●	
Zeit	110 – 113						
Uhrzeit und Dauer	110 – 111	Uhrzeiten angeben und Zeitspannen in unterschiedlichen Schreibweisen darstellen		●		●	●
Minuten und Sekunde	112					●	●
Fermi-Aufgabe: Atemzüge	113	Problemstellung und Lösung erschließen	●	●	●	●	●
Kannst du das noch?	114	Erworbene Kenntnisse anwenden				●	●
Kannst du das auch?	115	Problemhaltige Aufgaben lösen	●			●	
Häufigkeiten und Wahrscheinlichkeiten	116 – 119						
Würfelspiel Augensummen	116 – 117	Häufigkeiten erheben und darstellen, Wahrscheinlichkeiten vergleichen	●	●	●	●	
Quersummen-Spiel	118 – 119		●	●	●	●	●
Orientierung im Grundriss	120 – 121	Lagebeziehungen erfassen und beschreiben		●	●	●	
Muster und Strukturen	122 – 123	Muster in Figuren und Zahlenfolgen erkennen	●		●	●	●
Schriftliches Subtrahieren (Alternative)	124 – 125	Verfahren durch Abziehen und Entbündeln					●
Wortspeicher und Bausteine des Wissens	126 – 128						

Prozessbezogene Kompetenzen
P Problemlösen / kreativ sein; **M** Modellieren; **A** Argumentieren; **K** Kommunizieren; **D** Darstellen

Wiederholung und Vertiefung

Ich lieb' den Sommer, ich lieb' den Sand, das Meer, Sandburgen bauen und keinen Regen mehr. Eis essen, Sonnenschein, so soll's immer sein.

1)
22 + 8 = 30 T
51 + 3 =
61 + 8 =
84 + 3 =
36 + 2 =
2 + 81 =
5 + 50 =

2)
77 − 2
68 − 5
29 − 4
58 − 6
55 − 0
65 − 4
86 − 3
59 − 4

3)
87 + 10
20 + 63
55 + 20
93 − 10
75 − 20

| 0 | 6 | 8 | 10 | 15 | 16 | 18 | 20 | 25 | 30 | 38 | 40 |
| D | K | G | B | A | L | E | N | R | T | H | I |

4 | Aufgaben rechnen und im Heft zu den Ergebnissen die Buchstaben (Seite 4 und 5 unten) notieren.

1.
2 · 5
3 · 5
6 · 0
9 · 2
4 · 5

2.
3 · 2
8 · 2
2 · 9
6 · 5
5 · 6
3 · 6
5 · 5
5 · 4

3.
3 · 2 + 2
5 · 4 + 5
7 · 5 + 5
6 · 2 + 4
3 · 5 + 1
4 · 4 + 2
5 · 3 + 5

4.
7 · 7 − 1
4 · 4 − 1
5 · 5 − 5
2 · 2 − 4
10 · 2 − 2
10 · 3 − 5
7 · 4 − 8

42	48	52	54	55	61	63	69	75	83	87	97
V	W	I	A	N	G	P	U	S	E	C	L

Aufgaben rechnen und im Heft zu den Ergebnissen die Buchstaben (Seite 4 und 5 unten) notieren.

Addieren und Subtrahieren von Einern

1 Verschiedene Aufgaben zur kleinen Schwester. Schreibe zu jedem Päckchen noch eine Aufgabe dazu.

a) 4 + 2
14 + 2
74 + 2
84 + 2

a) 4 + 2 = 6
14 + 2 = 16
74 + 2 =

Kleine Schwester.

b) 3 + 6
23 + 6
53 + 6
63 + 6

c) 5 – 1
15 – 1
45 – 1
95 – 1

d) 8 – 5
38 – 5
58 – 5
88 – 5

2 Vergleiche in Aufgabe 1 in jedem Päckchen die Ergebnisse. Achte auf die Einer.
Die Einer ...

3 Vor zur nächsten Zehnerzahl.

a) 55 + ___ = 60
51 + ___ = 60

b) 37 + ___ = 40
39 + ___ = 40

c) 94 + ___ = 100
96 + ___ = 100

d) 62 + ___ = ___
73 + ___ = ___

e) Finde ein eigenes Päckchen.

4 Zurück zur Zehnerzahl.

a) 45 – ___ = 40
47 – ___ = 40

b) 59 – ___ = 50
52 – ___ = 50

c) 83 – ___ = 80
86 – ___ = 80

d) 74 – ___ = ___
38 – ___ = ___

e) Finde ein eigenes Päckchen.

5 Zurück von der Zehnerzahl.

a) 10 – 5
30 – 5

b) 10 – 2
80 – 2

c) 10 – 9
60 – 9

d) 10 – 6
40 – 6

e) 10 – 8
50 – 8

f) Finde ein eigenes Päckchen.

6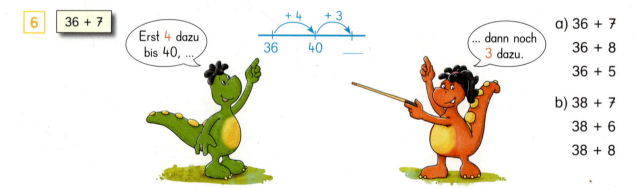

36 + 7

Erst 4 dazu bis 40, ...

... dann noch 3 dazu.

a) 36 + 7
36 + 8
36 + 5

b) 38 + 7
38 + 6
38 + 8

7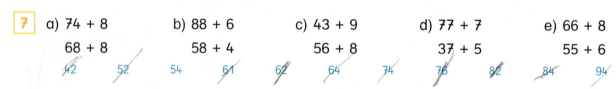

a) 74 + 8
68 + 8

b) 88 + 6
58 + 4

c) 43 + 9
56 + 8

d) 77 + 7
37 + 5

e) 66 + 8
55 + 6

42 52 54 61 62 64 74 76 82 84 94

8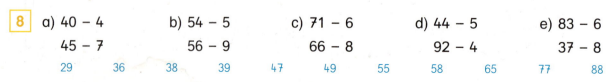

a) 40 – 4
45 – 7

b) 54 – 5
56 – 9

c) 71 – 6
66 – 8

d) 44 – 5
92 – 4

e) 83 – 6
37 – 8

29 36 38 39 47 49 55 58 65 77 88

7 und **8** Selbstkontrolle durch blaue Lösungszahlen. Eine Zahl bleibt übrig.

6

Kreative Aufgaben: Regelwürmer

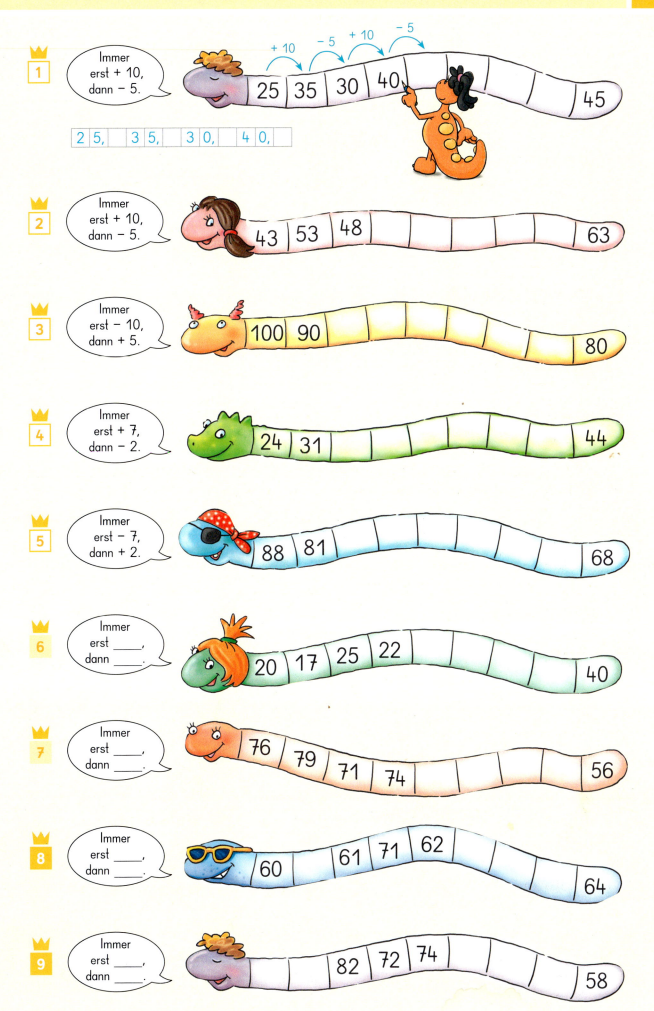

Addieren zweistelliger Zahlen

1 45 + 27

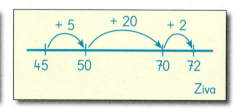
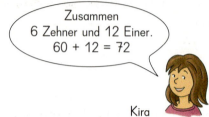
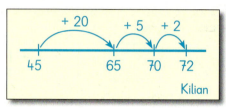
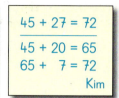

Zusammen 6 Zehner und 12 Einer. 60 + 12 = 72 — Kira

Titus · Ziva · Kilian · Kim

2 Welche Aufgabe rechnet das Kind? Schreibe die Aufgabe auf, dann löse sie.

a) 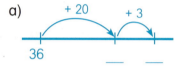   b) 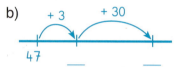   c)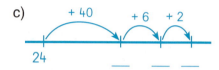

3 a) 55 + 17   b) 56 + 25   c) 47 + 46   d) 35 + 28   e) 44 + 33
     53 + 36   53 + 18   27 + 37   28 + 48   74 + 18
     63   64   71   72   74   76   77   81   89   92   93

4 Entdecker-Päckchen. Schreibe noch zwei weitere Aufgaben dazu.

a) 72 + 14   b) 36 + 53   c) 25 + 38   d) 20 + 45   e) 27 + 25
   72 + 15   46 + 43   26 + 38   19 + 46   37 + 25
   72 + 16   56 + 33   27 + 38   18 + 47   47 + 25

5 a) Welches Päckchen in Aufgabe 4 passt zu welcher Regel?
   A: Erste Zahl immer gleich, zweite Zahl immer 1 mehr, Ergebnis immer 1 mehr.
   B: Erste Zahl immer 1 mehr, zweite Zahl immer gleich, Ergebnis immer ... .
   C: Erste Zahl immer 10 mehr, zweite Zahl immer gleich, Ergebnis immer ... .

b) Schreibe auch für die anderen Päckchen die Regeln auf.

6 a) 46 + ___ = 66   b) 13 + ___ = 73   c) 38 + ___ = 60   d) 25 + ___ = 50
     47 + ___ = 87   29 + ___ = 99   38 + ___ = 80   25 + ___ = 70

7 a) 77 + ___ = 81   b) 98 + ___ = 101   c) 48 + ___ = 52   d) 17 + ___ = 24
     86 + ___ = 92   35 + ___ = 42   28 + ___ = 33   46 + ___ = 52

8 Wie heißt die Zahl?

a) Ich addiere 7. Die Summe ist 45.
b) Ich addiere 40. Die Summe ist 89.
c) Ich addiere 12. Die Summe ist 62.
d) Ich addiere 34. Die Summe ist 58.

Subtrahieren zweistelliger Zahlen

1 54 − 28

Alina

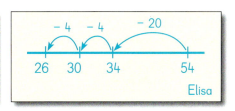
Elisa

"Erst 2 Zehner und 4 Einer weg, übrig 3 Zehner. Dann noch 4 Einer weg."
Daniel

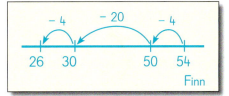
Finn

Nele

2 Welche Aufgabe rechnet das Kind? Schreibe die Aufgabe auf, dann löse sie.

a)

b)

c)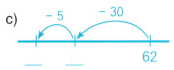

3
a) 63 − 16   b) 65 − 36   c) 81 − 18   d) 43 − 15   e) 96 − 48
     67 − 28   62 − 47   72 − 27   54 − 36   54 − 27

15   18   27   28   29   30   39   45   47   48   63

4 Entdecker-Päckchen. Schreibe noch zwei weitere Aufgaben dazu.

a) 70 − 36   b) 85 − 56   c) 79 − 24   d) 61 − 40   e) 58 − 18
     70 − 35   86 − 56   79 − 34   61 − 30   68 − 28
     70 − 34   87 − 56   79 − 44   61 − 20   78 − 38

5 a) Welches Päckchen in Aufgabe 4 passt zu welcher Regel?
     A: Erste Zahl immer 1 mehr, zweite Zahl immer gleich, Ergebnis immer 1 mehr.
     B: Erste Zahl immer gleich, zweite Zahl immer 10 mehr, Ergebnis immer ... .
     C: Erste Zahl immer 10 mehr, zweite Zahl immer 10 mehr, Ergebnis immer ... .
b) Schreibe auch für die anderen Päckchen die Regeln auf.

6
a) 74 − __ = 64   b) 53 − __ = 13   c) 38 − __ = 18   d) 87 − __ = 47
     99 − __ = 79   65 − __ = 35   38 − __ = 14   87 − __ = 45

7
a) 51 − __ = 48   b) 94 − __ = 88   c) 42 − __ = 35   d) 65 − __ = 57
     72 − __ = 67   33 − __ = 29   52 − __ = 35   95 − __ = 57

8 Zahl minus Spiegelzahl.
a) 32 − 23   b) 42 − 24   c) 41 − 14   d) 51 − 15   e) 72 − 27
     43 − 34   53 − 35   52 − 25   62 − 26   83 − 38

f) Finde zu jedem Päckchen eine weitere Aufgabe.

Den Zahlenblick schärfen

1

a) 33 + 29	b) 74 + 19	c) 37 + 29
36 + 29	37 + 59	53 + 39
54 + 29	46 + 29	48 + 49

62 65 66   67 75 83   92 93 96 97

2

a) 73 − 29	b) 72 − 59	c) 93 − 39
54 − 29	45 − 39	92 − 29
36 − 29	87 − 49	91 − 19

6 7 13   17 25 38   44 54 63 72

3
a) 55 + 29	b) 64 + 19	c) 47 + 39	d) 78 + 19	e) 61 + 39
55 − 29	64 − 19	47 − 39	78 − 19	61 − 39

8   22   26   45   49   59   83   84   86   97   100

4 Schau auf die Einer. Zehnerfreunde helfen.
a) 26 + 54	b) 75 + 15	c) 21 + 39	d) 33 + 37	e) 44 + 56
37 + 43	42 + 48	48 + 12	15 + 55	28 + 72

f) Finde ein eigenes Päckchen.

5 Schau zuerst auf die Einer.
a) 57 − 27	b) 94 − 54	c) 86 − 66	d) 63 − 53	e) 99 − 29
68 − 38	72 − 32	45 − 25	81 − 71	89 − 19

f) Finde ein eigenes Päckchen.

6
a) 37 + 25 + 3	b) 24 + 48 + 6	c) 7 + 14 + 33	d) 1 + 22 + 69
45 + 38 + 5	33 + 39 + 7	2 + 27 + 58	3 + 35 + 47

54   65   68   78   79   85   87   88   92

Erst schauen, dann rechnen.

7
a) 37 + 28 + 2	b) 23 + 27 + 3	c) 29 + 4 + 26	d) 34 + 7 + 53
35 + 34 + 6	32 + 51 + 9	42 + 5 + 25	19 + 8 + 72

53   59   67   72   75   83   92   94   99

8
a) 72 − 14 − 2	b) 68 − 25 − 8	c) 54 − 28 − 4	d) 86 − 37 − 6
83 − 15 − 3	75 − 34 − 5	43 − 38 − 3	92 − 77 − 2

2   13   22   31   35   36   43   56   65

9
a) 51 − 5 − 15	b) 43 − 8 − 22	c) 96 − 3 − 67	d) 86 − 2 − 48
72 − 6 − 14	85 − 7 − 23	98 − 4 − 56	57 − 5 − 45

7   13   26   31   36   38   46   52   55

10 Immer erst ___, dann ___.

Wichtige Aufgaben zum Multiplizieren

1 Schreibe zu jedem Punktefeld zwei Mal-Aufgaben.

a)   b)   c)  d)  e)

2 Sonnen-Aufgaben

a) ☀ 2 · 6   b) ☀ 2 · 8   c) ☀ 2 · 7
   ☀ 5 · 6   ☀ 5 · 8   ☀ 5 · 7
   ☀ 10 · 6   ☀ 10 · 8   ☀ 10 · 7

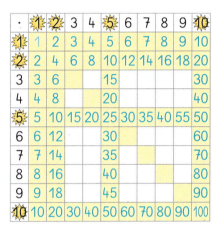

3 Schreibe auch die Tauschaufgabe dazu.

a) 4 · 5   b) 5 · 10
   2 · 5   9 · 10
   9 · 5   4 · 10

a)	4 · 5	=	
	5 · 4	=	

4 Wie heißt die passende Mal-Aufgabe? Rechne.

a) das Doppelte von 6   b) das Doppelte von 8   c) das Doppelte von 9

5 Quadratzahl als Ergebnis

a) ☀ 2 · 2   b) ☀ 3 · 3   c) ☀ 4 · 4   d) ☀ 1 · 1   e) ☀ 10 · 10
   ☀ 8 · 8   ☀ 7 · 7   ☀ 6 · 6   ☀ 9 · 9   ☀ 5 · 5

6 Findet Sonnen-Aufgaben. Das Ergebnis liegt

a) zwischen 10 und 20,   b) zwischen 20 und 40,   c) über 50.

7 Rechne Aufgabe und Umkehraufgabe.

a)

Mal-Aufgabe ___ · 4 = 12

Durch-Aufgabe 12 : 4 = ___

b)

c)

8 Schreibe auch die Umkehraufgabe und rechne.

a) ___ · 2 = 20   b) ___ · 5 = 20   c) ___ · 10 = 20   d) ___ · 6 = 36
   ___ · 2 = 14   ___ · 5 = 40   ___ · 10 = 80   ___ · 9 = 81

9 Wie heißt die passende Durch-Aufgabe? Rechne.

a) die Hälfte von 12   b) die Hälfte von 18   c) die Hälfte von 100

11

Multiplizieren

1 4 · 3 = ___, 3 weniger als 5 · 3. | 5 · 3 | 6 · 3 = ___, 3 mehr als 5 · 3.

2 Von den Sonnen-Aufgaben zu den Nachbaraufgaben.

a) 2 · 4   b) 2 · 7   c) 5 · 4   d) 5 · 8   e) 10 · 6
   3 · 4   3 · 7   6 · 4   4 · 8   9 · 6

f) 6 · 6   g) 7 · 7   h) 8 · 8   i) 7 · 7   j) 8 · 8
   7 · 6   8 · 7   9 · 8   6 · 7   7 · 8

3 Welche Sonnen-Aufgabe nutzt du?

a) 6 · 3   b) 3 · 4   c) 3 · 6   d) 4 · 7   e) 8 · 9
f) 9 · 3   g) 6 · 4   h) 9 · 6   i) 8 · 7   j) 6 · 9

4 a) 3 · 6   b) 4 · 8   c) 7 · 2   d) 6 · 6   e) 8 · 8
     3 · 4   4 · 2   7 · 8   6 · 4   8 · 2

f) Addiere die beiden Ergebnisse in jedem Päckchen. Die Summe ist immer ...

5 Welche Zahlen gehören in die Einmaleins-Reihe? Schreibe die Mal-Aufgabe dazu.

12   18   24   28   36   42   48   54   56   63

a) Vierer-Reihe   b) Sechser-Reihe   c) Siebener-Reihe   d) Achter-Reihe

6 Wie viele Mal-Aufgaben findet ihr zu diesem Ergebnis? Schreibt auf.

a) 16   b) 18   c) 20   d) 24   e) 36

7 Wie heißen die Zahlen? Schreibt sie auf.

a) Sie gehören zur Siebener-Reihe und sind gerade.

b) Sie gehören zur Dreier-Reihe und sind ungerade.

c) Sie sind Quadratzahlen und ungerade.

d) Findet ein eigenes Zahlenrätsel.

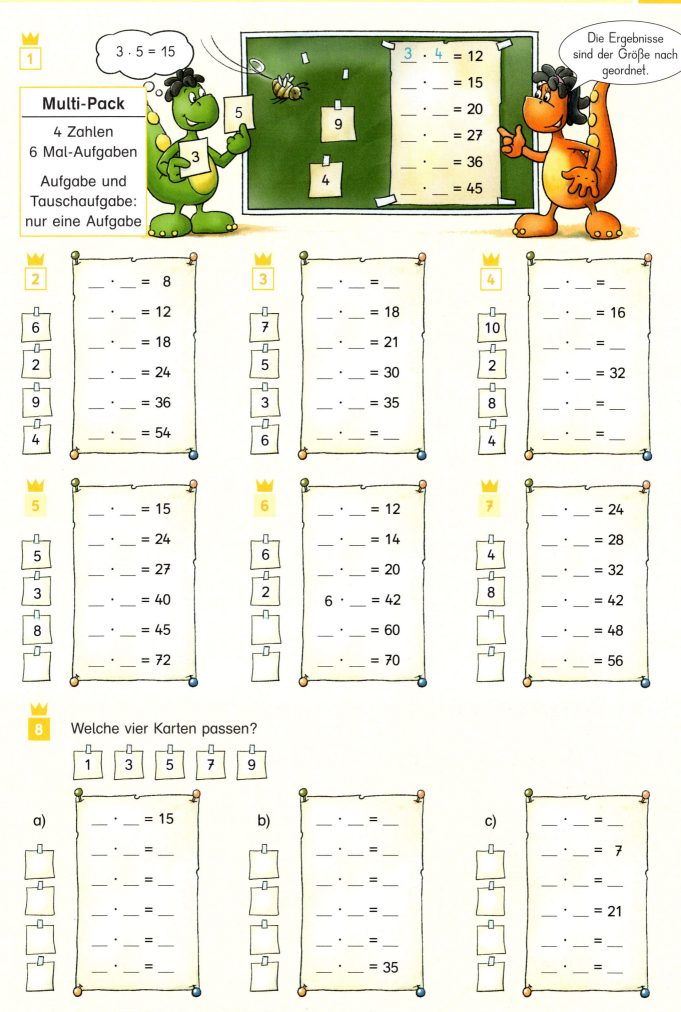

Dividieren

1 Drei Zahlen im Kopf, vier Aufgaben im Bauch, das ist Malduin.

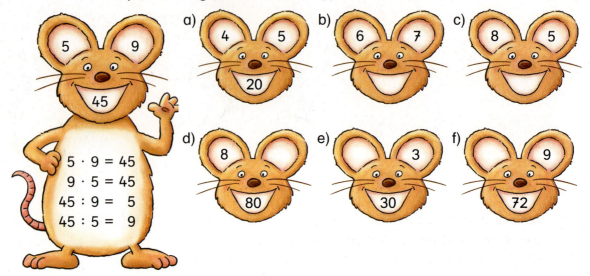

2 Das ist ein besonderer Malduin. Er ist kleiner. Wieso?

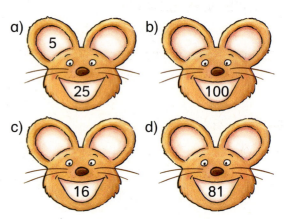

3 a) 24 : 4 = ___   b) 27 : 3 = ___   c) 30 : 5 = ___   d) 28 : 7 = ___   e) 54 : 9 = ___
   ___ · 4 = 24   ___ · 3 = 27   ___ · 5 = 30   ___ · 7 = 28   ___ · 9 = 54

   f) 35 : 5 = ___   g) 45 : 9 = ___   h) 21 : 3 = ___   i) 40 : 5 = ___   j) 63 : 7 = ___
   ___ · 5 = 35   ___ · 9 = 45   ___ · 3 = 21   ___ · 5 = 40   ___ · 7 = 63

4 Schreibe auch die Mal-Aufgabe.

a) 40 : 8   b) 42 : 6   c) 49 : 7   d) 36 : 4   e) 27 : 9   f) 32 : 8
   24 : 3   36 : 9   64 : 8   18 : 2   20 : 5   56 : 7

5 Es sind 24 Kinder. Sie bilden Gruppen.
In jeder Gruppe sind

a) vier Kinder   b) drei Kinder
c) sechs Kinder   d) acht Kinder

Schreibe Frage (F), Lösung (L) und Antwort (A) auf.

a)	F	Wie viele Gruppen sind es?
	L	2 4 : 4 =
	A	Gruppen sind es.

6 Es sind 36 Kinder. Sie bilden Gruppen. Alle Gruppen sind gleich groß.

a) Es sind vier Gruppen.   b) Es sind sechs Gruppen.   c) Es sind neun Gruppen.

14

Dividieren mit Rest

1 Verteile zehn Bälle gerecht an drei Kinder.

10 : 3 = 3 Rest 1

Jedes Kind bekommt drei Bälle, ein Ball bleibt übrig.

2 Verteile gerecht 22 Sticker.
Wie viele Sticker bekommt jedes Kind?
Wie viele Sticker bleiben übrig?

a) Es sind fünf Kinder.
b) Es sind drei Kinder.
c) Es sind sechs Kinder.
d) Es sind sieben Kinder.

a) L 22 : 5 = 4 Rest 2
   A Jedes Kind bekommt 4 Sticker.
      2 Sticker bleiben übrig.

3 Hier bleibt ein Rest.

a) 19 : 9
   20 : 9
   38 : 9

a) 19 : 9 = 2 Rest 1
   20 : 9 =   Rest

b) 10 : 3
   20 : 3
   31 : 3

c) 45 : 8
   35 : 6
   50 : 7

4 In jedem Päckchen ist der Rest gleich.

a) 32 : 5   b) 17 : 5   c) 24 : 5   d) 19 : 5   e) 18 : 5
   42 : 5   37 : 5   34 : 5   49 : 5   38 : 5

f) Finde ein eigenes Päckchen.

5 a) Welche Zahlen gehören zur Vierer-Reihe? Schreibe eine Durch-Aufgabe dazu.
   5   8   10   15   20   22   28   30   35   40

b) Teile die übrigen Zahlen durch 4. Es bleibt ein Rest.

6 Findet selbst fünf Zahlen und teilt sie durch 3.

a) Der Rest soll 1 sein.   b) Der Rest soll 2 sein.

7 Aufgepasst und nachgedacht!

a) Vor dem Fahrstuhl zum Aussichtsturm warten 32 Kinder.
   Bei jeder Fahrt können immer fünf Kinder mitfahren.
   Wie oft muss der Fahrstuhl fahren?

b) Bei der Klassenfahrt wollen 19 Kinder Tretboot fahren.
   Es passen nur vier Kinder auf ein Tretboot.
   Wie viele Tretboote muss die Klasse mieten?

Nach dieser Seite empfiehlt sich Diagnosetest D1.

Zeit

 Viertel nach 7
7.15 Uhr
19.15 Uhr

 halb 8
7.30 Uhr
19.30 Uhr

 Viertel vor 8
7.45 Uhr
19.45 Uhr

1 Wie spät ist es? Schreibe alle drei Möglichkeiten auf.

a)   b)   c)   d)   e)   f)

2 Es ist 9.45 Uhr. Wie viel Uhr ist es
a) in 3 Stunden, b) in 5 Stunden, c) in 10 Stunden, d) in 12 Stunden,
e) in 15 Minuten, f) in 30 Minuten, g) in 45 Minuten, h) in 90 Minuten?

3 Es ist 20.45 Uhr. Wie viel Uhr war es
a) vor 2 Stunden, b) vor 5 Stunden, c) vor 12 Stunden, d) vor 15 Stunden,
e) vor 15 Minuten, f) vor 30 Minuten, g) vor 45 Minuten, h) vor 90 Minuten?

 15 Minuten sind eine Viertelstunde.

 30 Minuten sind eine halbe Stunde.

 45 Minuten sind eine Dreiviertelstunde.

4 Anabels Nachmittage. Wie lange dauert es?
a) Montag: Geige üben
17.15 Uhr bis 17.30 Uhr
b) Dienstag: Geigenunterricht
14.45 Uhr bis 15.15 Uhr
c) Mittwoch: Einkaufen für die Nachbarin
16.30 Uhr bis 17.15 Uhr
d) Donnerstag: Probe des Schulchors
13.45 Uhr bis 14.30 Uhr

5 Wie lange dauert es?
a) von 8.15 Uhr bis 8.30 Uhr
b) von 14.30 Uhr bis 15.00 Uhr
c) von 16.45 Uhr bis 17.30 Uhr
d) von 22.15 Uhr bis 22.45 Uhr
e) von Viertel vor 6 bis halb 7
f) von halb 2 bis Viertel nach 2
g) von halb 3 bis halb 4
h) von Viertel nach 11 bis 12.30 Uhr

11.15 – 12.30

6 Leos Lieblingssendung dauert eine halbe Stunde.
Sie beginnt um 16.45 Uhr. Wann ist die Sendung vorbei?

16

Ninas Schultag

Ich heiße Nina und gehe in die Klasse 3c. Zur Schule fahre ich mit dem Bus. Mein Schultag dauert bis nachmittags. Die Hausaufgaben mache ich nach dem Unterricht in der Schule. Danach nehme ich an verschiedenen AGs teil.

Abfahrt Schulbus

Weg bis zur Bushaltestelle: 15 min

Unterrichtsbeginn

Dauer der Busfahrt: 15 min

1 Nina darf den Schulbus nicht verpassen. Der Bus hält direkt an Ninas Schule.
   a) Nina muss pünktlich an der Haltestelle sein.
      Wann muss sie spätestens aus dem Haus gehen?
   b) Wann ist Nina an der Schule?
   c) Wie lange hat Nina Zeit, bis der Unterricht beginnt?
   d) Nachmittags fährt der Bus um 16.15 Uhr an der Schule ab.
      Wann ist sie zu Hause? Denke an den Weg von der Haltestelle nach Hause.

2 a) Vor den Hausaufgaben essen die Kinder in der Schule gemeinsam zu Mittag. Wie viel Zeit bleibt ihnen dafür?
   b) Für die Hausaufgaben braucht Nina 45 Minuten. Wann ist sie mit den Hausaufgaben fertig?

 Unterrichtsende
 Hausaufgaben

3 Am Nachmittag nehmen die Kinder an AGs teil.
   a) Nina spielt gern Basketball.
      Wie lange dauert die Basketball-AG?
   b) Nina und ihr Freund Tom malen gern und nehmen zusammen an der Kunst-AG teil.
      Wie lange dauert die Kunst-AG?

Basketball-AG:
Dienstag
14.30 Uhr – 15.15 Uhr

Kunst-AG:
Mittwoch
14.45 Uhr – 16 Uhr

4 Beim Warten auf den Bus spielen Nina und Tom mit ihren Freunden das Storch-Spiel. Wie viele Sekunden konnte jedes Kind auf einem Bein stehen?

1 Minute = 60 Sekunden
1 min = 60 s

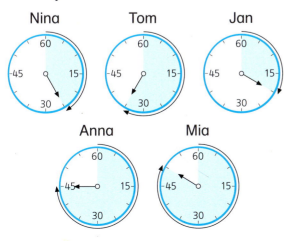

Nach dieser Seite empfiehlt sich Diagnosetest D2.

17

Zahlenraum bis 1000

1

2 Legt und zeichnet.

3 Legt oder zeichnet zu eurer Lieblingszahl.

4 Kann das stimmen?

a) In unserer Schule gibt es 1000 Treppenstufen.

b) 1000 Kinder sind an unserer Schule.

c) Unser Rechenheft hat 1000 Kästchen.

d) Wir sind heute Morgen 1000 Minuten in der Schule.

e) Ich kann ohne Pause 1000-mal hüpfen.

f) Ich kann ohne Pause 1000 Treppenstufen steigen.

Einer, Zehner, Hunderter, Tausender

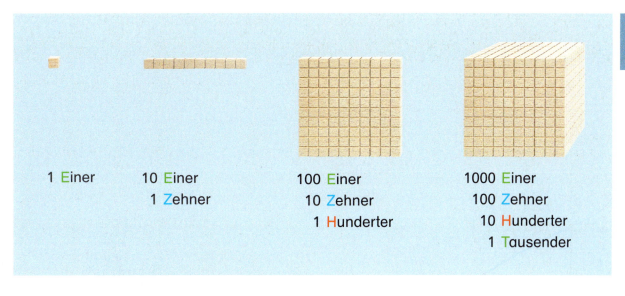

1 Einer	10 Einer	100 Einer	1000 Einer
	1 Zehner	10 Zehner	100 Zehner
		1 Hunderter	10 Hunderter
			1 Tausender

1 Wie heißt die Zahl? Zeichne in Geheimschrift. Schreibe wie im Beispiel.

a)

a)

3 H + 4 Z + 2 E = ___

300 + 40 + 2 = ___

b)

c)

d)    e)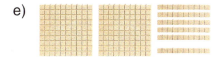

2 Wie heißt die Zahl?

a) ☐ ☐ ≡ •••   b) ☐ ≡ ••••   c) ☐ ☐ ☐ —

d) ≡ ••••••   e) ☐ ☐ ☐ ☐ ••   f) ☐ — •

3 Zeichne fünf Zahlen in Geheimschrift. Dein Partner schreibt die Zahlen dazu.

4 Schreibe fünf Zahlen. Dein Partner zeichnet in Geheimschrift.

5 Zeichne in Geheimschrift. Schreibe auch die Zahlen dazu.

a) siebenhunderteinundvierzig   b) achthundertzweiundachtzig

c) neunhundertdreiundsechzig   d) fünfhundertfünfundfünfzig

e) sechshundertsiebzig   f) dreihundertfünf

19

Bündeln und Zerlegen

1 Bündele. Wie viele sind es? Wie heißt die Zahl? Schreibe wie Zahline.

a) 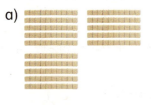   b) 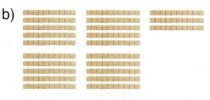   c)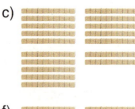

d) 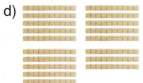   e) 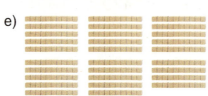   f)

2 Wie heißen die Zahlen? Schreibe wie Zahline.

a) 35 Z   b) 71 Z   c) 69 Z   d) 27 Z   e) 19 Z   f) 96 Z
    26 Z   30 Z   50 Z   76 Z   52 Z   43 Z

3 Wie heißen die Zahlen? Schreibe wie Zahline.

a) 22 Z   b) 16 Z   c) 74 Z   d) 21 Z   e) 100 Z   10 E = 1 Z
    22 E   16 E   74 E   21 E   100 E   10 Z = 1 H

4 Zerlege in Hunderter, Zehner und Einer.

a) 739 = 7 H + 3 Z + 9 E
739 = 700 + 30 + 9

a) 739   b) 374   c) 710   d) 45   e) 807
f) 847   g) 645   h) 620   i) 73   j) 305

5 Zahlenrätsel. Wie heißen die Zahlen?

a) Meine Zahl hat 4 Zehner, 5 Einer und 3 Hunderter.

b) Meine Zahl hat 6 Einer und halb so viele Zehner. Sie hat so viele Hunderter wie Zehner.

c) Meine Zahl hat 4 Zehner und 1 Einer. Sie hat doppelt so viele Hunderter wie Zehner.

d) Meine Zahl hat 4 Zehner und halb so viele Einer. Sie hat dreimal so viele Hunderter wie Einer.

Zahlen fühlen

Anamayas Zahlenschnüre

Anamaya war ein Indio-Mädchen. Sie lebte mit ihren Eltern in Peru.

Sie hatte zwei Brüder, Tamio und Ramon. Der Stolz der Familie war die große Ziegenherde, die in den Tälern der Anden graste. Zweimal im Jahr wurden die Ziegen gezählt. Die Kinder halfen immer dabei.

Um die Zahlen zu behalten, wurden sie aber nicht aufgeschrieben, sondern geknotet. Das hatten schon die Großeltern und deren Großeltern so gemacht.

1 a) In welchem Land lebte Anamaya? b) Wie viele Geschwister hatte Anamaya? c) Wobei halfen die Kinder den Eltern?

2 Anamaya hat drei Schnüre genommen und die Zahl 324 geknotet. Die Knoten sind verschieden dick. Wie hat Anamaya die Knoten gemacht?

3 Anamayas Geschwister haben auch Zahlen geknotet. Kannst du sie lesen?

a)   b)   c)

d)   e)   f)

4 Knote selbst Zahlen und lass deinen Partner sagen, welche Zahlen es sind.

5 Am Abend am Lagerfeuer hat Anamaya Zahlenrätsel gestellt. Findet ihr die Zahl? Eine Knotenschnur kann helfen.

a) Meine Zahl hat drei Schnüre und fünf Knoten, zwei ganz dicke, aber keine dünnen Knoten.

b) Meine Zahl hat drei Schnüre und 15 Knoten, von jeder Dicke gleich viele.

c) Meine Zahl hat zwei Schnüre und zehn Knoten, davon sieben nur in einer Schnur.

d) Meine Zahl hat drei Schnüre und sechs Knoten, mehr dünne als mittlere, mehr mittlere als dicke.

6 Findet selbst Zahlenrätsel zu Knotenschnüren.

Nach dieser Seite empfiehlt sich Diagnosetest D3.

Stellentafel

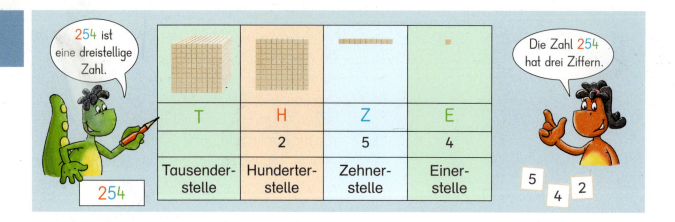

1. Trage in eine Stellentafel ein. Schreibe erst die zweistelligen und danach die dreistelligen Zahlen. Kreise die größte Zahl ein.

   a) 354 547 634 803 71   b) 407 610 47 96 136
   c) 931 487 734 534 34   d) 357 705 75 35 50

2. Nehmt drei verschiedene Ziffernkarten und legt damit dreistellige Zahlen.

   a) Wie viele verschiedene Zahlen könnt ihr legen? Schreibt sie in eine Stellentafel.
   b) Wie heißt die größte Zahl? Unterstreicht sie rot.
   c) Wie heißt die kleinste Zahl? Unterstreicht sie blau.

3. Nehmt die Ziffernkarten 5 , 6 und 0 .

   a) Wie viele dreistellige Zahlen könnt ihr damit legen? Schreibt sie in eine Stellentafel.
   b) Worauf müsst ihr achten?
      Bei einer dreistelligen Zahl darf die Null ... .
   c) Wie heißt die größte Zahl? Unterstreicht sie rot.
   d) Wie heißt die kleinste Zahl? Unterstreicht sie blau.

4. Zieht abwechselnd drei Ziffernkarten von einem verdeckten Stapel. Jeder legt eine dreistellige Zahl.

   a) Wer die kleinste Zahl hat, gewinnt.   b) Wer die größte Zahl hat, gewinnt.

5. Wie heißt die Zahl?

   a) Meine Zahl hat eine 7 an der Hunderterstelle, eine 0 an der Zehnerstelle und eine 5 an der Einerstelle.
   b) Meine Zahl hat eine 4 an der Hunderterstelle.
      Die Ziffer an der Einerstelle ist doppelt so groß wie die Ziffer an der Hunderterstelle.
      Die Ziffer an der Zehnerstelle ist halb so groß wie die Ziffer an der Hunderterstelle.

Plättchen in der Stellentafel / Quersumme

1 Zahline hat in der Stellentafel mit Plättchen eine Zahl gelegt. Wie heißt die Zahl?

a) 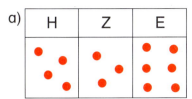 b) 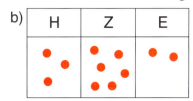 c)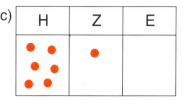

2 Wie heißt diese Zahl?

H	Z	E
• • • • •	• • • •	• • •

Wie heißt die Zahl, wenn du zu der Zahl
a) an der Hunderterstelle ein Plättchen dazulegst?
b) an der Zehnerstelle ein Plättchen dazulegst?
c) an der Einerstelle ein Plättchen wegnimmst?
d) an der Hunderterstelle ein Plättchen wegnimmst?

3 Welche Zahlen kannst du mit drei Plättchen in der Stellentafel legen?
Es gibt zehn Möglichkeiten. Findest du alle?

4 Wie heißt die Quersumme?

a) 317   549   276   492

b) 697   984   599   888

c) 509   606   370   740

Quersumme
3 + 5 + 4 = 12

5 Schreibt fünf dreistellige Zahlen auf.
 a) Quersumme 12   b) Quersumme 16   c) Quersumme 25

6

a) Nimm drei Zahlen aus dem Sack. Welche Quersumme haben sie jeweils?

b) Welche Zahl aus dem Sack hat die größte Quersumme?

c) Schreibe alle Zahlen mit der Quersumme 10 auf.

d) Wie heißt die kleinste Zahl mit der Quersumme 12?

e) Wie heißt die größte Zahl mit der Quersumme 12?

f) Wie heißt die Zahl? Sie hat die Quersumme 24.
Die Zahl an der Einerstelle ist größer als die Zahl an der Zehnerstelle.

Den Zahlenblick schärfen

1 463 − 20

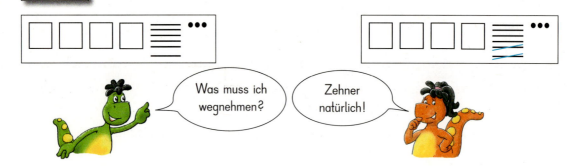

2 Zahline hat Minus-Aufgaben in Geheimschrift gezeichnet.
Schreibe die passende Aufgabe und das Ergebnis.

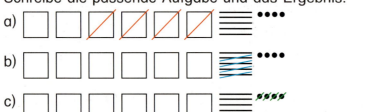

a)	6	5	4	−	4	0	0	=
b)	6	5	4	−		4	0	=
c)	6	5	4	−			4	=
d)	6	5	4	−				

3 Schreibe die passende Aufgabe und das Ergebnis.

4 a) 536 − 300   b) 875 − 300   c) 496 − 200   d) 898 − 500   e) 384 − 100
   536 − 30   875 − 30   496 − 20   898 − 50   384 − 10
   536 − 3   875 − 3   496 − 2   898 − 5   384 − 1

236 284 296 374 383 398 476 494 498 506 533 575 845 848 872 893

5 Zahlix hat Plus-Aufgaben in Geheimschrift gezeichnet.
Schreibe die passende Aufgabe und das Ergebnis.   a) 2 2 6 + 2 0 0 =

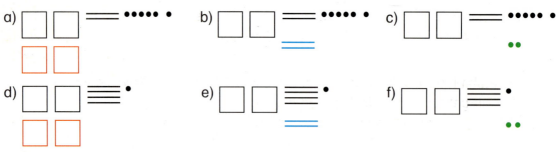

6 Schreibe die passende Aufgabe und das Ergebnis.

7 a) 250 + 300   b) 405 + 200   c) 304 + 300   d) 524 + 400   e) 113 + 500
   250 + 30   405 + 20   304 + 30   524 + 40   113 + 50
   250 + 3   405 + 2   304 + 3   524 + 4   113 + 5

118 163 253 280 307 334 354 407 425 528 550 564 604 605 613 924

24

1000 Meter

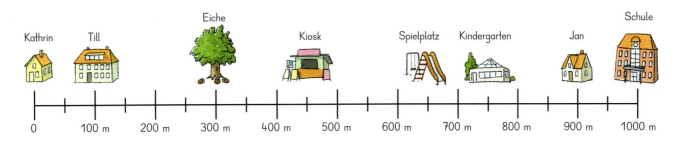

1 Kathrin geht jeden Morgen einen Kilometer (1 km) bis zur Schule.
Was sieht sie alles unterwegs?

2 Wie weit ist es von Kathrins Haus bis dahin?
a) Tills Haus _____ m   b) Jans Haus _____ m   c) Eiche _____ m
d) Kindergarten _____ m   e) Spielplatz _____ m   f) Kiosk _____ m

3 Wie weit ist es von Tills Haus bis dahin?
a) Kathrins Haus _____ m   b) Jans Haus _____ m   c) Eiche _____ m
d) Kindergarten _____ m   e) Spielplatz _____ m   f) Kiosk _____ m

4 Wie weit ist es von Jans Haus bis dahin?
a) Kathrins Haus _____ m   b) Tills Haus _____ m   c) Eiche _____ m
d) Kindergarten _____ m   e) Spielplatz _____ m   f) Kiosk _____ m

5 Kathrin geht jeden Tag zur Schule und zurück zwei Kilometer.
a) Wie viel Meter geht Jan hin und zurück zur Schule?
b) Wie viel Meter geht Till hin und zurück zur Schule?

6 Vor den Ferien besuchen die Kindergarten-Kinder die Schule.
Wie weit ist es hin und zurück?

7 Die Lehrerin geht mit den Kindern von der Schule
zum Spielplatz. Wie weit ist es hin und zurück?

8 Am Nachmittag treffen sich Jan, Kathrin und Till auf dem Spielplatz.
Wie weit gehen die Kinder hin und zurück?
a) Jan   b) Kathrin   c) Till

9 Kathrin benötigt für ihren Schulweg 20 Minuten.
Wie weit geht sie in 10 Minuten? Wie weit in 5 Minuten?

| 1 km = 1000 m |
| $\frac{1}{2}$ km = 500 m |

10 Kathrin und Jan haben sich verabredet.
Beide müssen gleich weit gehen. Wo treffen sie sich?

11 Was sieht Kathrin in der Mitte zwischen
a) 500 m und 1000 m,   b) 200 m und 700 m,   c) 400 m und 900 m?

25

Zahlenstrahl bis 1000

221 222 231

1 Von Strich zu Strich immer ___ mehr. Zeige und zähle am Zahlenstrahl.

a) 300, 320, 340, ..., 500   b) 600, 650, 700, ..., 1000   c) 500, 540, 580, ..., 900

     200, 180, 160, ...,   0   500, 450, 400, ...,   100   400, 360, 320, ...,   0

2 Bei welchen Zahlen stehen die Ballons?
Wie heißen die beiden Nachbarhunderter?
Ergänze wie im Beispiel.

A:	1	4	0		1	4	0	+	6	0	=	2	0	0
					1	4	0	−	4	0	=	1	0	0

3 Zeige eine Zahl. Dein Partner sagt, wie sie heißt, und nennt die Nachbarhunderter. Wechselt ab.

4 Zeige am Zahlenstrahl und rechne vor zum nächsten Hunderter.

a) $330 + \underline{70} = 400$ b) $180 + \underline{20} = 200$ c) $590 + \underline{10} = 600$

    $310 + \underline{90} = 400$ $780 + \underline{20} = 800$ $530 + \underline{70} = 600$

5 Zeige am Zahlenstrahl und rechne vor zum nächsten Hunderter.

a) 380   b) 670   200   c) 240   300   d) 850   e) 560   f) 970

6 Zeige am Zahlenstrahl und rechne zurück zum nächsten Hunderter.

a) $760 − \underline{} = 700$ b) $370 − \underline{} = 300$ c) $490 − \underline{90} = 400$

    $720 − \underline{} = 700$ $650 − \underline{} = 600$ $430 − \underline{30} = 400$

7 Zeige am Zahlenstrahl und rechne zurück zum nächsten Hunderter.

a) 270   b) 460   c) 590   d) 340   e) 130   f) 660

8 Zeige am Zahlenstrahl. Wie heißen die beiden Nachbarhunderter?
Unterstreiche rot den Nachbarhunderter,
der am nächsten an der Zahl liegt.

a)	3 0 0	3 4 6	4 0 0

a) 346   b) 832   c) 665   d) 528   e) 398   f) 785

9 Nach rechts werden die Zahlen am Zahlenstrahl immer größer, nach links werden die Zahlen immer kleiner. Zeige die Zahlen, dann setze < oder > ein.

a) $167 > 162$ b) $392 > 364$ c) $434 < 443$ d) $940 > 904$

    $178 < 187$ $302 > 298$ $522 > 519$ $617 < 681$

10 Ordne die Zahlen nach der Größe. Beginne mit der kleinsten Zahl.

a) 310   130   290   320   910   190   b) 270   500   320   530   720   350

c) 605   56   560   65   506   650   d) 472   274   427   742   247   724

26

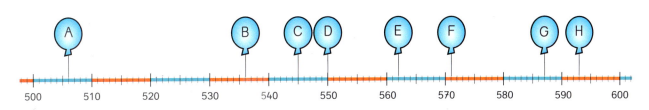

1 Von Strich zu Strich immer ___ mehr. Zeige und zähle am Zahlenstrahl.
a) 570, 572, 574, ..., 590 b) 579, 581, 583, ..., 599 c) 552, 557, 562, ..., 602
   530, 528, 526, ..., 510   551, 549, 547, ..., 531   549, 544, 539, ..., 499

2 Bei welchen Zahlen stehen die Ballons?
Wie heißen die beiden Nachbarzehner?
Ergänze wie im Beispiel.

A:	5	0	6				5	0	6	+	4	=	5	1	0
							5	0	6	−	6	=	5	0	0

 **3** Zeige eine Zahl. Dein Partner sagt, wie sie heißt, und nennt die Nachbarzehner. Wechselt ab.

4 Schreibe zu jeder Zahl ihre Nachbarn auf,
Vorgänger (V) und Nachfolger (N).
a) 554   b) 589   c) 510   d) 599
e) 669   f) 641   g) 630   h) 600

	V			Zahl			N		
a)	5	5	3	5	5	4	5	5	5
b)				5	8	9			

5 Welche Zahl ist es?
a) Der Vorgänger ist 559.
b) Der Nachfolger ist 580.
c) Der Vorgänger hat 5 Hunderter und 1 Einer.
d) Der Nachfolger ist doppelt so groß wie 300.

e) Erfinde eigene Rätsel.

6 Weg vom Zehner.
a) 50 − 3   b) 60 − 7   c) 70 − 4
   550 − 3   360 − 7   570 − 4
   750 − 3   460 − 7   870 − 4

Schreibe zu jedem Päckchen noch eine Aufgabe dazu.

7 Weg vom Hunderter.
a) 100 − 5   b) 100 − 6   c) 100 − 1
   600 − 5   600 − 6   600 − 1
   800 − 5   500 − 6   200 − 1

8 Weg vom Hunderter.
a) 100 − 7   b) 900 − 3   c) 700 − 4   d) 600 − 8   e) 500 − 2
   100 − 70   900 − 30   700 − 40   600 − 80   500 − 20
f) Finde ein weiteres Päckchen.

27

Zahlenstrahl (Ausschnitt)

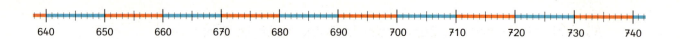

1 Mit Einern vorwärts über den Hunderter.

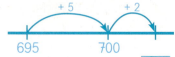

a) 695 + 7   b) 698 + 5   c) 796 + 6
695 + 8   694 + 9   799 + 8
695 + 6   697 + 6   797 + 7

2 Mit Einern zurück über den Hunderter.

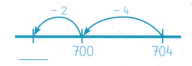

a) 704 − 6   b) 703 − 6   c) 805 − 9
704 − 8   701 − 8   802 − 6
704 − 7   702 − 4   801 − 5

3 In Zehnerschritten vorwärts über den Hunderter.
Gehe in jedem Päckchen noch einen Zehnerschritt weiter.

a) 680 + 10 = 690   b) 670 + 30   c) 660 + 30   d) 740 + 60   e) 750 + 50
680 + 20 = 700   670 + 40   660 + 40   740 + 70   750 + 60
680 + 30 = 710   670 + 50   660 + 50   740 + 80   750 + 70

4 Mit Zehnern vorwärts über den Hunderter.

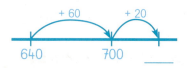

a) 640 + 80   b) 680 + 60   c) 760 + 60
640 + 90   650 + 80   790 + 80
640 + 70   670 + 50   770 + 70

5 In Zehnerschritten zurück unter den Hunderter.
Gehe in jedem Päckchen noch einen Zehnerschritt weiter.

a) 720 − 10   b) 710 − 10   c) 740 − 30   d) 830 − 20   e) 840 − 40
720 − 20   710 − 20   740 − 40   830 − 30   840 − 50
720 − 30   710 − 30   740 − 50   830 − 40   840 − 60

6 Mit Zehnern zurück unter den Hunderter.

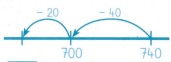

a) 740 − 60   b) 730 − 60   c) 750 − 90
740 − 80   710 − 80   720 − 60
740 − 70   720 − 40   710 − 50

7 a) 40 − 1   b) 80 − 5   c) 20 − 9   d) 60 − 3   e) 100 − 7
400 − 10   800 − 50   200 − 90   600 − 30   1000 − 70

f) Finde ein eigenes Päckchen.

8 a) 700 − 10   b) 800 − 50   c) 750 − 30   d) 810 − 40   e) 710 − 20
700 − 1   800 − 5   750 − 3   810 − 4   710 − 2
70 − 10   80 − 50   75 − 30   81 − 40   71 − 20
70 − 1   80 − 5   75 − 3   81 − 4   71 − 2

Leicht oder schwer ?

1 Wie viele Hunderter und Zehner sind es? Wie heißt die Zahl?

a)

___ Z = __ H + __ Z = ____

b)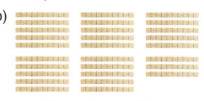

___ Z = __ H + __ Z = ____

2 Wie heißt die Zahl?

a)

b)

3 Zeichne in Geheimschrift.

a) dreihundertsiebenundfünfzig
b) zweihundertdreißig
c) einhundertvier

4 a) 561 + 100
      561 + 10
      561 +   1

b) 325 + 300
   325 + 30
   325 +   3

5 a) 852 − 100
      852 − 10
      852 −   1

b) 529 − 200
   529 − 20
   529 −   2

6

a)

V	Zahl	N
	185	
	296	
	307	

b)

V	Zahl	N
	529	
	630	
		741

7 Über oder unter den Hundert.
Schreibe immer eine Aufgabe dazu.

a) 470 + 30
   470 + 40
   470 + 50

b) 230 − 30
   230 − 40
   230 − 50

8 Zähle vorwärts und rückwärts.

a) 296, 297, 298, ..., 306
b) 504, 503, 502, ..., 494

9 Vergleiche. Welche Zahl ist größer?

a) 630 ◯ 730   b) 741 ◯ 471
   380 ◯ 308   222 ◯ 223

10 Quersumme 24.

Körper

Körperformen

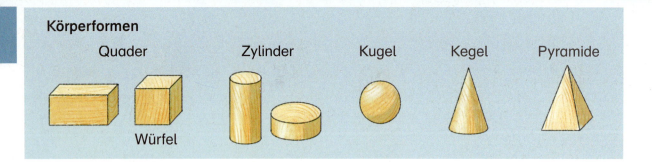

1 Welcher Gegenstand passt nicht in die Reihe? Begründe.

2 Nennt Gegenstände, die diese Körperform haben.
a) Quader   b) Zylinder   c) Kugel

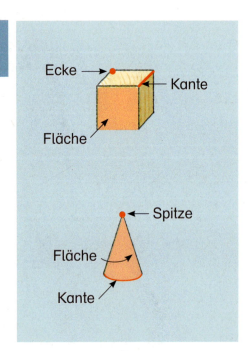

3 Zu welchem Körper passt die Aussage?
a) Er hat fünf Flächen.   b) Er hat drei Flächen.
c) Er hat nur eine Fläche.

4 Zu welchem Körper passt die Aussage?
a) Er hat keine Ecken und Kanten.
b) Er hat fünf Ecken und acht Kanten.

5 Der Körper hat zwei Flächen. Eine ist ein Kreis, die andere Fläche ist gewölbt. Der Körper hat eine Kante und eine Spitze.

6 Beschreibe einen Körper möglichst genau.

Körper aus verschiedenen Perspektiven

1 Würfel, Kegel, Quader. Welches Kind sieht die Körper so?

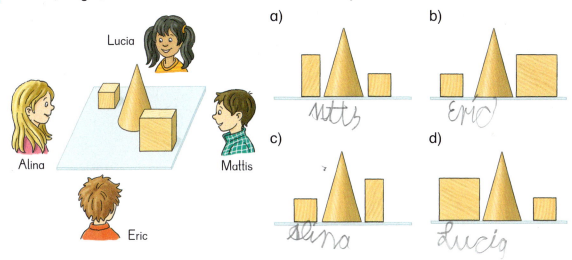

2 Zylinder, Quader, Pyramide. Welches Kind sieht die Körper so?

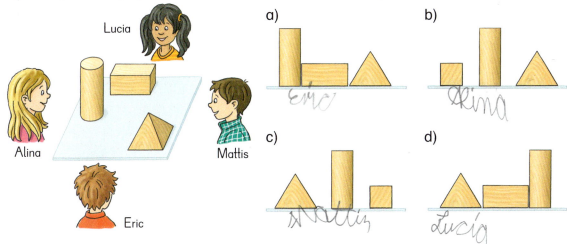

3 Würfel, Quader, Pyramide. Die Kinder haben die Körper von oben gezeichnet. Welche Zeichnung ist richtig? Begründe.

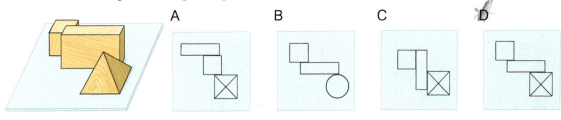

4 Kegel, Zylinder, Pyramide. Die Kinder haben die Körper von oben gezeichnet. Welche Zeichnung ist richtig? Begründe.

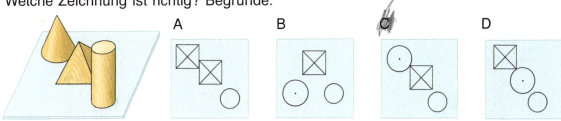

Bauen mit Würfeln

1 a) Welches Würfelgebäude passt zu welchem Bauplan? Ordne zu.

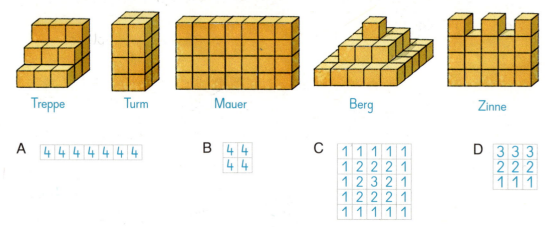

Treppe   Turm   Mauer   Berg   Zinne

A 4 4 4 4 4 4

B 4 4
   4 4

C 1 1 1 1 1
   1 2 2 2 1
   1 2 3 2 1
   1 2 2 2 1
   1 1 1 1 1

D 3 3 3
   2 2 2
   1 1 1

b) Zeichne zu dem übrig gebliebenen Würfelgebäude einen Bauplan.

2 Wie viele Würfel werden in jedem Würfelgebäude von Aufgabe 1 verbaut? Der Bauplan kann dir helfen.

3 Viele Baupläne. Welcher Bauplan gehört zu einer Treppe, einem Turm, einer Mauer, einem Berg oder einer Zinne? Prüft durch Nachbauen.

a) 5

b) 3 2 3 2 3

c) 3 3 3 3

d) 1 2 3 4 5

e) 1 1 1
   2 2 2
   3 3 3

f) 1 1 1
   1 2 1
   1 1 1

g) 3 3
   3 3

4 a) Zeichnet zu den Würfelgebäuden Baupläne.

b) Wie viele Würfel werden in jedem Würfelgebäude verbaut?

A 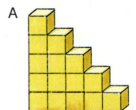 B 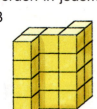 C 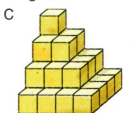 D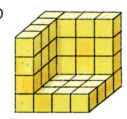

5 Baue ein Würfelgebäude und zeichne einen Bauplan dazu. Gib den Bauplan dann deinem Partner. Er baut nach. Wechselt ab.

1

Teilnehmer: vier Kinder
Material: für jedes Kind sechs Würfel und kariertes Papier

Spielidee:
Baut gemeinsam ein Würfelgebäude.
Jedes Kind sieht es
von einer anderen Seite.

a) Beschreibt das fertige Gebäude aus eurer Sicht.
b) Jedes Kind zeichnet einen Bauplan.
c) Prüft eure Baupläne.

2

a) Welchen Bauplan hat Hanna gezeichnet, welchen Leon? Ordne zu.

A
2	4	4	2
1	3	3	1
1	1	1	1

B
2	1	1
4	3	1
4	3	1
2	1	1

b) Zeichne auch die Baupläne von Emma und Jonas.

3

a) Welchen Bauplan hat Hanna gezeichnet, welchen Leon? Ordne zu.

A
1	1	2
1	2	1
4	1	1
5	4	1

B
5	4	1	1
4	1	2	1
1	1	1	2

b) Zeichne auch die Baupläne von Emma und Jonas.

4
a) 49 + 40
   30 + 65
b) 43 + 25
   36 + 43
c) 71 + 15
   55 + 32
d) 34 + 8
   34 + 28
e) 67 + 7
   67 + 27

5
a) 83 − 60
   52 − 40
b) 96 − 43
   75 − 25
c) 47 − 36
   69 − 24
d) 73 − 6
   73 − 46
e) 91 − 5
   91 − 35

6
a) 36 + 29
   36 − 29
b) 73 + 19
   73 − 19
c) 57 + 39
   57 − 39
d) 41 + 19
   41 − 19
e) 65 + 29
   65 − 29

Flexibles Addieren und Subtrahieren

1 Leichte Aufgaben und schwere Aufgaben 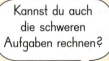.
   Kannst du auch die schweren Aufgaben rechnen?

300 + 4 = 304	380 + 470
90 − 3 = 87	567 − 99

2 a) Schreibe fünf leichte und fünf schwere Plus-Aufgaben.
      Das Ergebnis soll unter 1 000 sein.
   b) Schreibe fünf leichte und fünf schwere Minus-Aufgaben.
      Die erste Zahl soll dreistellig sein.

Kannst du auch die schweren Aufgaben rechnen?

3 Schau genau.

a) 22 + 60   b) 424 + 200   c) 400 + 523   d) 68 − 40   e) 457 − 300
   322 + 60   424 + 20   40 + 523   468 − 40   457 − 30
   722 + 60   424 +   2   4 + 523   868 − 40   457 −   3

28   82   157   382   426   427   428   430   444   454   527   563   624   782   828   923

Rechnen in einem Hunderter

1
a) 16 + 11
316 + 11
616 + 11
716 + 11

b) 12 + 27
512 + 27
712 + 27
912 + 27

c) 33 + 55
133 + 55
233 + 55
433 + 55

d) 18 + 61
318 + 61
718 + 61
518 + 61

e) 74 + 23
874 + 23
974 + 23
374 + 23

2 Rechne, denke dabei an die Helferaufgabe.

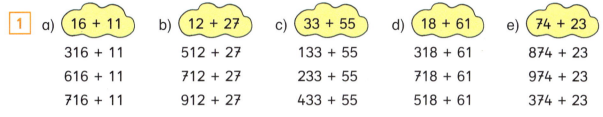

a) 137 + 21
537 + 21
637 + 21

b) 564 + 35
764 + 35
964 + 35

c) 321 + 68
821 + 68
421 + 68

d) 267 + 23
567 + 23
467 + 23

3

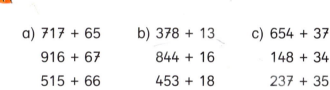

a) 717 + 65
916 + 67
515 + 66

b) 378 + 13
844 + 16
453 + 18

c) 654 + 37
148 + 34
237 + 35

182 272 391 471 581 691 701 782 860 983

4
a) 14 − 11
314 − 11
614 − 11
714 − 11

b) 27 − 12
227 − 12
427 − 12
827 − 12

c) 44 − 33
144 − 33
644 − 33
744 − 33

d) 63 − 21
363 − 21
963 − 21
563 − 21

e) 74 − 43
274 − 43
874 − 43
474 − 43

5 Rechne, denke dabei an die Helferaufgabe.

a) 254 − 22
554 − 22
754 − 22

b) 489 − 25
589 − 25
989 − 25

c) 175 − 63
375 − 63
675 − 63

d) 288 − 48
788 − 48
388 − 48

6

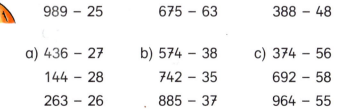

a) 436 − 27
144 − 28
263 − 26

b) 574 − 38
742 − 35
885 − 37

c) 374 − 56
692 − 58
964 − 55

116 226 237 318 409 536 634 707 848 909

7
a) 700 − 27
600 − 13

b) 200 − 85
300 − 47

c) 400 − 32
800 − 66

d) 100 − 71
500 − 55

e) 1000 − 11
900 − 99

29   115   253   368   445   587   603   673   734   801   989

35

Addieren über den Hunderter

1

HZE + ZE
240 + 80

24 Z + 8 Z = 32 Z
32 Z = 320

Daniel

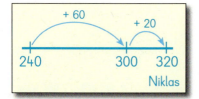

Niklas

Zusammen 2 Hunderter und 12 Zehner.
200 + 120 = 320

Alina

Erst plus 60 bis 300, dann plus 20.

240 + 80 = 320
240 + 60 = 300
300 + 20 = 320

Jonte

Kaja

2 Welche Aufgabe rechnet das Kind? Schreibe die Aufgabe auf, dann löse sie.

a) +20 +50 180 ___   b) +10 +70 490 ___   c) +50 +10 650 ___

3 a) 260 + 80   b) 570 + 70   c) 380 + 50   d) 640 + 70   e) 660 + 70
290 + 60   590 + 40   330 + 60   290 + 30   380 + 80
320 340   350 390   430 460 490   630 640   710 730

4 a) 70 + 50   b) 40 + 80   c) 90 + 70   d) 80 + 60   e) 70 + 40
270 + 50   340 + 80   890 + 70   580 + 60   670 + 40

f) Finde ein eigenes Päckchen.

5 Erst die Zehner addieren, dann noch die Einer.

a) 80 + 60   b) 40 + 90   c) 420 + 80   d) 350 + 70   e)
80 + 61   40 + 93   420 + 82   350 + 74   670 + 56
80 + 63   40 + 98   420 + 85   350 + 79   670 + 58

6 a) 260 + 50   b) 380 + 40   c) 540 + 90   d) 730 + 80   e)
261 + 50   382 + 40   543 + 90   735 + 80   894 + 60
266 + 50   387 + 40   549 + 90   738 + 80   899 + 60

f) Finde ein eigenes Päckchen.

7 a) 170 + 50   b) 80 + 580   c) 240 + 40   d) 904 + 80   e) 660 + 50
170 + 60   70 + 580   250 + 50   914 + 70   670 + 45
170 + 70   60 + 580   260 + 60   924 + 60   680 + 40

8 a) Schau dir jedes Päckchen in Aufgabe 7 an. Zu welcher Regel passt es?

A: Erste Zahl immer 10 mehr, zweite Zahl immer 10 weniger, Ergebnis immer ___.
B: Erste Zahl immer 10 weniger, zweite Zahl immer gleich, Ergebnis immer ___.
C: Erste Zahl immer gleich, zweite Zahl immer 10 mehr, Ergebnis immer ___.

b) Schreibe auch für die anderen Päckchen die Regel auf.

36

Addieren dreistelliger Zahlen

1 HZE + HZE
360 + 270

36 Z + 27 Z = 63 Z
63 Z = 630

Lucia

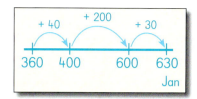
Jan

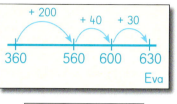
Eva

Mattis

Zusammen
5 Hunderter
und 13 Zehner.
500 + 130 = 630

360 + 270 = 630
300 + 200 = 500
60 + 70 = 130
Andreas

360 + 270 = 630
360 + 200 = 560
560 + 70 = 630
Nadja

2 Welche Aufgabe rechnet das Kind? Schreibe sie auf, dann löse sie.

a)
+ 50   + 100   + 20
550 ___ ___ ___

b)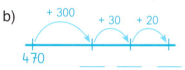
+ 300   + 30   + 20
470 ___ ___ ___

c)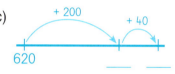
+ 200   + 40
620 ___ ___

3 a) 640 + 180   b) 320 + 290   c) 530 + 380   d) 180 + 530   e) 260 + 670
   680 + 130   370 + 280   380 + 370   490 + 480   360 + 580
   610   650   710   750   810   820   910   930   940   950   970

4 Achte auf die Zehnerstelle und die Einerstelle.

a) 450 + 105   b) 170 + 203   c) 407 + 230   d) 309 + 390   e) 504 + 450
   450 + 305   170 + 603   707 + 230   407 + 470   206 + 620
   373   475   555   637   699   755   773   826   877   937   954

5 a) 508 + 101   b) 205 + 403   c) 308 + 404   d) 207 + 306   e) 509 + 406
   508 + 301   405 + 403   508 + 404   207 + 506   707 + 108
   513   608   609   612   712   713   808   809   815   912   915

6 + 80
320   400   500

a) 320 + ___ = 500   b) 830 + ___ = 1000
   150 + ___ = 500   770 + ___ = 1000
   280 + ___ = 500   540 + ___ = 1000
170   180   220   230   270   350   460

7 a) 230 + ___ = 350   b) 140 + ___ = 450   c) 280 + ___ = 420
   470 + ___ = 680   460 + ___ = 970   490 + ___ = 640
   350 + ___ = 570   630 + ___ = 860   570 + ___ = 850
120   140   150   210   220   230   280   310   510   570

37

Den Zahlenblick schärfen

1 Nimm von jedem Brett einen Schlüssel.
Addiere die beiden Zahlen.
Die Summe soll 200 sein.
Dann öffnet sich das Schloss.
Schreibe alle vier Lösungen auf.

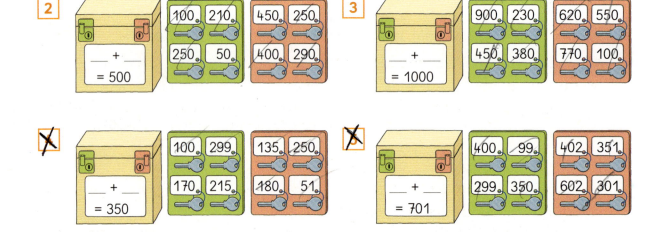

6 Denkt euch eine Zahl für das Schloss aus. Denkt euch dazu vier Aufgaben aus und schreibt die Zahlen aus den Aufgaben auf zwei Zettel (Schlüsselbretter). Tauscht Schlosszahl und Schlüsselbretter mit einer anderen Gruppe.

7 Schau genau.

a) 280 + 309   b) 307 + 505   c) 410 + 590   d) 230 + 706   e) 540 + 203
   208 + 390   370 + 505   401 + 509   320 + 607   450 + 302

   589   598   697   743   752   812   875   910   927   936   1000

8 Tipp für die 9: 280 + 199 — 280 + 200, dann 1 weniger.

a) 280 + 199   b) 370 + 299   c) 399 + 503
   370 + 199   560 + 299   499 + 204
   530 + 199   610 + 299   199 + 605

   479   569   605   669   703   729   804   859   902   909

9 Rechne geschickt.

a) 401 + 349   b) 205 + 765   c) 107 + 613   d) 304 + 366   e) 108 + 892
   301 + 539   405 + 375   507 + 453   504 + 256   608 + 272

   670   690   720   750   760   780   840   880   960   970   1000

38

Erst schätzen, dann rechnen

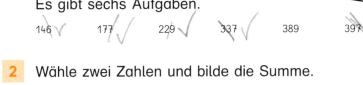

1 Wähle zwei Zahlen. Addiere sie.
Die Summe soll kleiner als 400 sein.
Es gibt sechs Aufgaben.

146   177   229   337   389   397

2 Wähle zwei Zahlen und bilde die Summe.

a) Die Summe soll zwischen 600 und 700 liegen.
   Es gibt fünf Aufgaben.
   601   610   632   640   677

b) Die Summe soll zwischen 400 und 600 liegen.
   Es gibt sechs Aufgaben.
   420   449   480   527   549   579

3 Neue Zahlen auf der Zahlenleine.
Wähle immer zwei Zahlen und bilde die Summe.

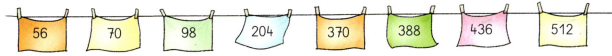

a) Die Summe soll kleiner als 400 sein.
   Es gibt sechs Aufgaben.   126   154   168   260   274   302

b) Die Summe soll zwischen 500 und 600 liegen.
   Es gibt sechs Aufgaben.   506   534   568   574   582   592

c) Die Einerstelle im Ergebnis ist Null.
   Es gibt fünf Aufgaben.   260   440   610   640   900

4 Schreibe Frage (F), Lösung (L) und Antwort (A) auf.

a) Thomas übt für das Sportabzeichen.
   Erst schwimmt er 450 m, dann noch 250 m.

b) Pia fährt am ersten Tag 370 m Inliner.
   Ihre Strecke am zweiten Tag ist 630 m lang.

c) Die Schule kauft neues Material für den Sportunterricht.
   Die Bälle kosten 177 €, die Schwimmbretter 250 €.

d) Beim Sportfest verkauft die Klasse 3a Getränke und Essen.
   Sie nehmen 337 € und 460 € ein.

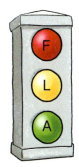

5 a) 5 · 7 + 8   b) 9 · 4 + 4   c) 3 · 7 + 30   d) 2 · 8 + 200
       8 · 6 + 5   6 · 5 + 6   3 · 9 + 70   7 · 4 + 600

6 a) 4 · 4 − 7   b) 8 · 2 − 6   c) 6 · 8 − 30   d) 9 · 6 − 50
       6 · 7 − 9   9 · 7 − 8   5 · 9 − 40   7 · 5 − 20

1 bis **3** Hier bleibt keine Lösungszahl übrig.

Subtrahieren unter den Hunderter

1 HZE – ZE
230 – 70

23 Z – 7 Z = 16 Z
16 Z = 160

Angelo

230 – 70 = 160
230 – 30 = 200
200 – 40 = 160
Volker

Erst 3 Zehner weg. Übrig 2 Hunderter.
Dann noch 4 Zehner weg.

Anna

Erst minus 30 bis 200, dann minus 40.

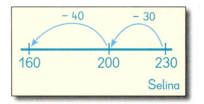

Selina

Helene

> Subtrahiere 70 von 230.
> 230 – 70 = 160
> Die Differenz ist 160.

2 a) 620 – 60   b) 460 – 80   c) 750 – 90   d) 550 – 70   e) 810 – 60
     650 – 80   410 – 40   730 – 60   340 – 60   230 – 80

150   280   370   380   480   560   570   660   670   720   750

3 Erst die Zehner subtrahieren, dann noch die Einer subtrahieren.

a) 140 – 60   b) 460 – 80   c) 310 – 40   d) 730 – 70   e) 1000 – 80
   140 – 61   460 – 85   310 – 42   730 – 73   1000 – 84
   140 – 62   460 – 86   310 – 47   730 – 78   1000 – 87

f) Finde ein eigenes Päckchen.

4 a) 200 – 60   b) 500 – 80   c) 800 – 50   d) 140 – 70   e) 360 – 90
     203 – 60   503 – 80   803 – 50   143 – 70   363 – 90
     206 – 60   506 – 80   806 – 50   146 – 70   366 – 90

f) Wie heißt die Regel?

Erste Zahl immer .... Zweite Zahl immer .... Differenz immer ....

5 a) 403 – 20   b) 311 – 40   c) 832 – 50   d) 709 – 30   e) 907 – 60
     604 – 10   551 – 70   244 – 80   123 – 40   915 – 50

83   164   271   383   481   594   679   688   782   847   865

6 a) 304 – 40   b) 500 – 63   c) 405 – 70   d) 603 – 50   e) 200 – 25
     304 – 41   501 – 63   415 – 70   604 – 51   200 – 35
     304 – 42   502 – 63   425 – 70   605 – 52   200 – 45

7 a) Schau dir jedes Päckchen in Aufgabe 6 an. Zu welcher Regel passt es?

A: Erste Zahl immer 1 mehr, zweite Zahl immer gleich. Differenz immer ....
B: Erste Zahl immer gleich, zweite Zahl immer 1 mehr. Differenz immer ....
C: Erste Zahl immer 1 mehr, zweite Zahl immer 1 mehr. Differenz immer ....

b) Schreibe auch für die anderen Päckchen die Regel auf.

40

3 2 3 Subtrahieren dreistelliger Zahlen

1 HZE – HZE
340 – 150

34 Z – 15 Z = 19 Z
19 Z = 190

Jasper

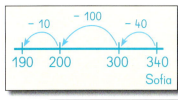
Sofia

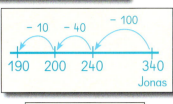
Jonas

Erst 1 Hunderter und 4 Zehner weg.
Übrig 2 Hunderter.
Noch 1 Zehner weg.

Emma

340 – 150 =
300 – 100 = 200
40 – 50 = ?
Lucie

340 – 150 = 190
340 – 100 = 240
240 – 50 = 190
Jakob

2 Welche Aufgabe rechnet das Kind? Schreibe sie auf, dann löse sie.

a)    350

b) 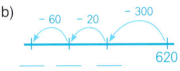   620

c) 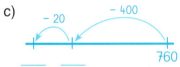   760

3 a) 460 – 280   b) 520 – 140   c) 650 – 480   d) 720 – 140   e) 940 – 480
       430 – 240   530 – 130   610 – 530   700 – 140   210 – 190
       20   80   170   180   190   380   400   460   560   570   580

4 Aufgepasst.
a) 370 – 120   b) 450 – 310   c) 980 – 170   d) 640 – 320   e) 770 – 440
   320 – 170   410 – 350   970 – 180   620 – 340   740 – 470
   60 140   150 250   270 280   320 330   560 790 810

5 Erst die Hunderter subtrahieren, dann noch die Einer subtrahieren.

a) 540 – 200   b) 310 – 200   c) 650 – 400   d) 930 – 500
   540 – 201   310 – 204   650 – 405   930 – 506   850 – 303
   540 – 202   310 – 208   650 – 409   930 – 508   850 – 305

f) Finde ein eigenes Päckchen.

6 Erst vom Hunderter subtrahieren, dann die Einer addieren.

a) 300 – 150   b) 700 – 310   c) 500 – 150   d) 800 – 430   e)
   304 – 150   703 – 310   502 – 150   801 – 430   905 – 780
   308 – 150   706 – 310   507 – 150   809 – 430   908 – 780

f) Finde ein eigenes Päckchen.

7 Aufgepasst!
a) 407 – 105   b) 505 – 301   c) 908 – 402   d) 607 – 204   e) 809 – 703
   405 – 107   501 – 305   902 – 408   604 – 207   803 – 709
   94 106   196 204   289 298   302 397   403 494 506

41

Den Zahlenblick schärfen

 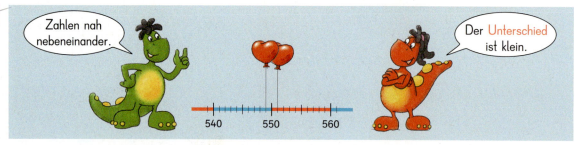

2 a) 502 − 497   b) 401 − 397   c) 901 − 898   d) 804 − 798   e) 1001 − 998
   703 − 698   203 − 199   602 − 599   302 − 296   1002 − 999

3 Schreibe vier eigene Aufgaben.   a) Der Unterschied ist 2.   b) Der Unterschied ist 3.

4 Tipp für die 9
   280 − 200, dann 1 dazu.
   280 − 199

   a) 280 − 199   b) 850 − 399   c) 903 − 799
      460 − 199   710 − 299   505 − 499
      570 − 199   620 − 599   804 − 699

   6   21   81   104   105   205   261   371   411   451

5

Bei einer dreistelligen Zahl darf die Null nicht …

Lege mit den Ziffernkarten 2, 0 und 3 eine dreistellige Zahl.
a) Subtrahiere.
b) Mit welcher Zahl erhältst du die kleinste Differenz?
c) Mit welcher Zahl erhältst du die größte Differenz?

6

   0   1   3   4   9

Beim Subtrahieren steht die größere Zahl …

Legt mit diesen Ziffernkarten zwei dreistellige Zahlen. Subtrahiert sie.
Es gibt viele Aufgaben. Schreibt vier auf.
a) Differenz unter 200.
b) Differenz über 500.
c) Die Differenz soll eine gerade Zahl sein.

7 Rechnet wie in Aufgabe 6.

0   2   5   6   9

Nach dieser Seite empfiehlt sich Diagnosetest D5.

42

Übungen zum Subtrahieren und Addieren

1 Ein Baum ist eine große a) _____.

Im b) _____ sind die Wurzeln.

Sie verankern den Baum und saugen

c) _____ aus dem Erdreich.

a) 430 − 200
610 − 330
510 − 490
740 − 360
300 − 260
850 − 150
430 − 360

b) 630 − 80
970 − 470
240 − 90
160 − 90
120 − 80

c) 379 − 179
570 − 190
470 − 199
670 − 399
360 − 290
700 − 699

2 Der Stamm eines Baumes ist sehr kräftig und wird durch eine _____ geschützt.

438 − 437
771 − 768
739 − 699
600 − 450
201 − 131

3 Die Baumkrone wird aus Ästen und Zweigen gebildet. An den Zweigen sitzen die

_____,

aus denen Blüten und Blätter wachsen.

501 − 499
680 − 640
588 − 88
297 − 26
286 − 56
299 − 229
376 − 336

4 Im Sommer und Herbst _____ Früchte wie Kastanien oder Haselnüsse.

300 + 200 − 499
600 + 180 − 710
470 + 130 − 597
690 + 280 − 690
613 + 57 − 600
267 + 33 − 260

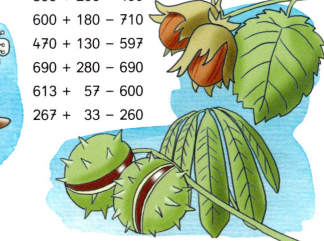

1	2	3	20	40	70	150	200	230	271	280	380	500	550	700
R	K	I	L	N	E	D	W	P	S	F	A	O	B	Z

43

Kommaschreibweise bei Geld

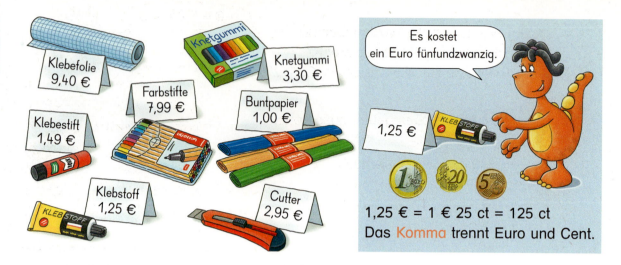

1,25 € = 1 € 25 ct = 125 ct
Das Komma trennt Euro und Cent.

1 a) Lest die Preise.   b) Schreibt auf drei Weisen.

2

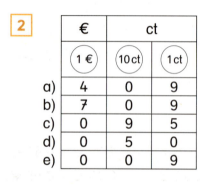

Lege. Schreibe so:

a) 4,09 € = 4 € 9 ct = 4 0 9 ct

Marker 4,09 €

Das ist der Geldbetrag als Kommazahl. Es sind vier Euro neun.

3 Trage in eine Tabelle wie in Aufgabe 2 ein.

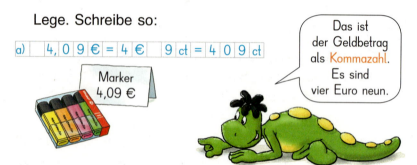

4 Wie viel Euro sind es?
Schreibe die Geldbeträge in Aufgabe 3 als Kommazahlen.

5 Ein Kind legt einen Geldbetrag. Das andere Kind nennt den Geldbetrag und schreibt ihn auf drei Weisen. Wechselt ab.

6 Ordne zu. Was gehört zusammen?

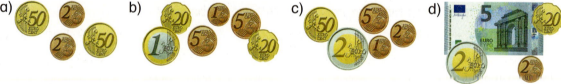

7 Schreibe die Beträge als Kommazahlen, dann lies sie vor.

a) 2 € 20 ct   b) 7 € 15 ct   c) 14 € 10 ct   d) 100 ct
   5 € 81 ct   10 € 9 ct   20 € 50 ct   10 ct
   3 € 99 ct   12 € 5 ct   50 € 80 ct   1 ct

8 Schreibe die Beträge als Kommazahlen. Ordne sie. Beginne mit dem kleinsten Wert.

a) 7,45 €   795 ct   7 € 55 ct   457 ct   b) 3,30 €   3 € 3 ct   33 ct   33 €

Rechnen mit Geld

1 Wie viel Euro kosten die Wachsmalstifte und Fingerfarben ungefähr zusammen?
Könnt ihr erklären, wie Zahline gerechnet hat?

4 € + 5 € = 9 €

Wachsmalstifte	3,70 €
Fingerfarben	4,90 €
Seidenmalfarbe	2,35 €
Seidentuch	2,10 €
Schreibblock	0,99 €
Plakatkarton	0,59 €
Lack	2,80 €
Plakatstifte	2,90 €

2 Wie viel Euro kostet es ungefähr zusammen?
a) Plakatstifte und Lack
b) Seidenmalfarbe und Seidentuch
c) Wachsmalstifte und Schreibblock
d) Wachsmalstifte und Plakatkarton
e) Findet eigene Beispiele.

3 a) Wie haben die Kinder den genauen Preis bei Aufgabe 1 berechnet? Erkläre.

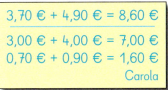

3,70 € + 4,90 € = 8,60 €
3,00 € + 4,00 € = 7,00 €
0,70 € + 0,90 € = 1,60 €
Carola

3,70 € plus 5 € sind 8,70 €.
Dann 10 ct weniger.

Fabian

b) Wie viel kosten die Waren aus Aufgabe 2 genau?
c) Rechnet eigene Beispiele.

4 a) 3,60 € + 2,30 €   b) 4,70 € + 3,70 €   c) 6,40 € + 0,85 €   d) 2,70 € + 0,65 €
    4,20 € + 3,80 €   2,80 € + 6,30 €   0,55 € + 8,70 €   0,75 € + 0,55 €

1,30 €   3,35 €   5,50 €   5,90 €   7,25 €   8 €   8,40 €   9,10 €   9,25 €

5 Wie viel Geld fehlt bis zum nächsten vollen Eurobetrag?
a) 3,90 € + ____ € = 4,00 €   b) 8,25 €   c) 4,42 €   d) 2,12 €   e) 1,27 €
   5,50 € + ____ € = 6,00 €   6,13 €   9,05 €   4,48 €   8,54 €

6 a) Wie viel kosten die Waren?
b) Jedes Kind bezahlt mit einem 10-€-Schein. Wie viel Geld bekommt es zurück?

Ben: Zwei Packungen Plakatstifte
Bastian: Einen Schreibblock und Lack
Kristina: Seidenmalfarbe und einen Plakatkarton
Sabrina: Plakatkarton und einen Schreibblock
Sarah: Lack und einen Plakatkarton

Ben
a) 2,90 € + 2,90 € = 5,80 €
b) 5,80 € + ___ € = 10,00 €

7 Kann das stimmen?
a) Alina kauft zwei Plakatstifte. Sie soll 7 € bezahlen.
b) Herr Kästner soll 29,70 € bezahlen. Er hat drei Schreibblöcke gekauft.
c) Tim kauft drei Packungen Wachsmalstifte. „Ein 10-€-Schein reicht nicht", meint er.

Nach dieser Seite empfiehlt sich Diagnosetest D6.

Zahlenrätsel

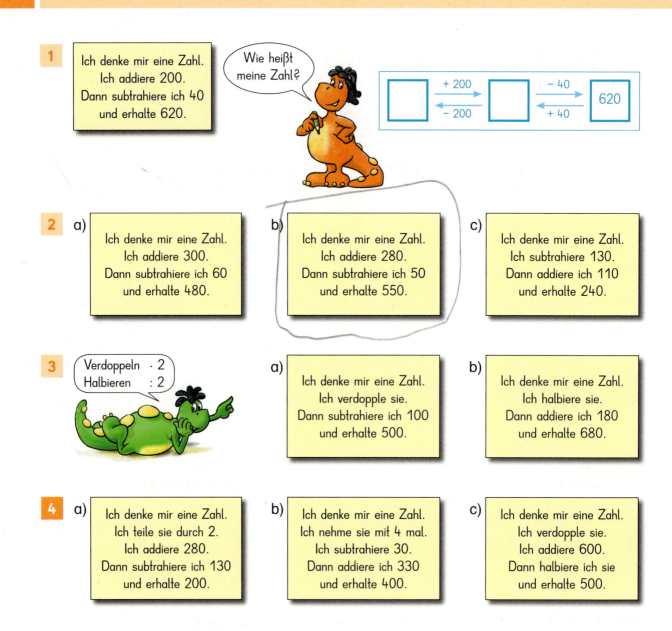

1 Ich denke mir eine Zahl. Ich addiere 200. Dann subtrahiere ich 40 und erhalte 620.
Wie heißt meine Zahl?

2
a) Ich denke mir eine Zahl. Ich addiere 300. Dann subtrahiere ich 60 und erhalte 480.
b) Ich denke mir eine Zahl. Ich addiere 280. Dann subtrahiere ich 50 und erhalte 550.
c) Ich denke mir eine Zahl. Ich subtrahiere 130. Dann addiere ich 110 und erhalte 240.

3 Verdoppeln · 2   Halbieren : 2
a) Ich denke mir eine Zahl. Ich verdopple sie. Dann subtrahiere ich 100 und erhalte 500.
b) Ich denke mir eine Zahl. Ich halbiere sie. Dann addiere ich 180 und erhalte 680.

4
a) Ich denke mir eine Zahl. Ich teile sie durch 2. Ich addiere 280. Dann subtrahiere ich 130 und erhalte 200.
b) Ich denke mir eine Zahl. Ich nehme sie mit 4 mal. Ich subtrahiere 30. Dann addiere ich 330 und erhalte 400.
c) Ich denke mir eine Zahl. Ich verdopple sie. Ich addiere 600. Dann halbiere ich sie und erhalte 500.

5 Denke dir eigene Zahlenrätsel aus und tausche mit deinem Partner.

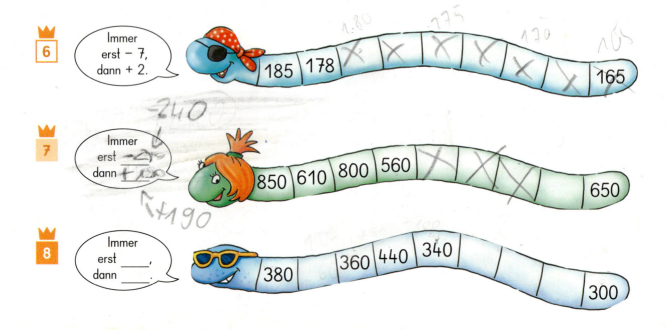

6 Immer erst − 7, dann + 2.   185 178 … 165

7 Immer erst ___ dann ___.   850 610 800 560 … 650

8 Immer erst ___, dann ___.   380 360 440 340 … 300

Leicht oder schwer ?

1 a) 730 + 60   b) 530 + 80
217 + 70   257 + 70

2 a) 270 − 40   b) 440 − 70
875 − 60   447 − 70

3 a) 230 + 360   b) 407 + 250
460 + 280   306 + 607

4 a) 580 − 130   b) 703 − 150
530 − 180   600 − 403

5  Tipp für die 9
a) 360 + 199
504 + 299
b) 270 − 199
708 − 499

6 Schau genau.
a) 293 + 107   b) 401 − 399
409 + 591   802 − 798
225 + 275   661 − 559

7 Wähle zwei Zahlen. Addiere sie.
Die Summe soll kleiner als 500 sein.
Es gibt vier Aufgaben.
99   170   205   380   450

8 Ich denke mir eine Zahl.
Ich addiere 360.
Dann subtrahiere ich 60
und erhalte 600.

9 Schreibe als Kommazahl.
a) 3 € 70 ct   b) 320 ct
3 € 7 ct   20 ct

10 3,80 € + 4,30 €
7,20 € + 0,65 €
5,99 € + 0,90 €

11 Immer erst ___ dann ___.
1000 _ _ _ _ _ _ _ 760
Finde passende Zahlen.
Es gibt viele Möglichkeiten.

Kopiervorlage auf DVD Digitale Lehrermaterialien 3 oder als kostenloser Download

Gewichte und Sachrechnen

1. Ordnet die Dinge aus Toms Schultasche nach dem Gewicht. Was ist am leichtesten? Was ist am schwersten?

2. Wiegt Dinge aus eurer Schultasche oder aus dem Klassenraum mit einer Küchenwaage.

3. Alina und Kian sortieren nach dem Gewicht.
   a) Was gehört in welche Kiste? Schätzt zuerst und prüft dann mit einer Waage.

   b) Findet selbst Gegenstände, die in die Kisten passen.

4.

   a) Findest du Dinge, die genau 100 g wiegen?
   b) Findest du Dinge, die genau 250 g wiegen?
   c) Findest du Dinge, die genau 500 g wiegen?
   d) Findest du Dinge, die genau 1 kg wiegen?

   1000 Gramm = 1 Kilogramm
   1 000 g = 1 kg

Gramm und Kilogramm

1 kg = 1000 g
ein Kilogramm

½ kg = 500 g
ein halbes Kilogramm

¼ kg = 250 g
ein viertel Kilogramm

1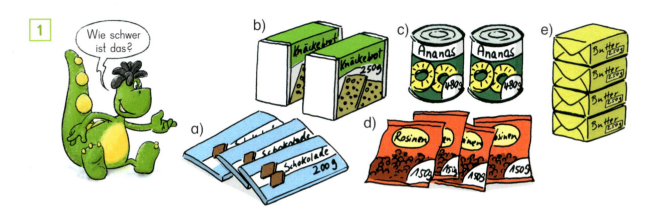

2 Wie viele Teile musst du von einer Sorte kaufen, um genau 1 kg zu haben?
Schreibe: a) 4 Pakete Butter wiegen 1 kg.

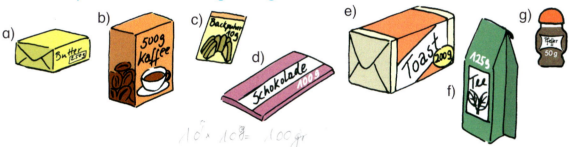

10 × 10 = 100 gr

3 Schreibe in Gramm (g).

a) 1 kg   b) ½ kg   c) ¼ kg   d) ¾ kg   e) 1½ kg

4 Schreibe in Kilogramm (kg).   a) 500 g   b) 250 g   c) 1000 g

5 Gramm (g) oder Kilogramm (kg)?

a)    b) 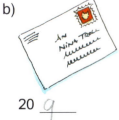   c)    d)   e)

                  20 g   1 kg   1 g   100 kg

    f)   g)   h)   i)

70 kg   25 kg   10 kg   35 g   980 g

49

Rezepte

Waffelrezept

125 g Butter
125 g Zucker
250 g Mehl
3 Eier
1 Teelöffel Backpulver
Prise Salz
1 Tasse Wasser

Ergibt 8 Waffeln.

Blaubeermuffins

200 g Blaubeeren
125 g Butter
125 g Zucker
125 g Buttermilch
220 g Mehl
1 Ei
1 $\frac{1}{2}$ Teelöffel Backpulver

Aus allen Zutaten einen Teig herstellen, in Muffinförmchen füllen und bei 200 Grad 25 Minuten backen. Ergibt 10 Muffins.

1 Richtig, falsch oder nicht zu beantworten?

a) $\frac{1}{2}$ kg Butter reicht für beide Rezepte.

b) Beide Rezepte enthalten gleich viel Backpulver.

c) 1 kg Mehl reicht für 40 Muffins.

d) Die Zutaten für zehn Muffins sind schwerer als die Zutaten für acht Waffeln.

e) Waffeln sind schneller zu backen als Muffins.

f) Statt Blaubeeren kann man auch Himbeeren für die Muffins nehmen.

2 Wie viele Zutaten werden für die Waffeln benötigt?

Zu meinem Geburtstag kommen zehn Kinder.

2 mehr

Dann müssen wir das Waffelrezept verdoppeln.

3 Wie heißen die Zahlen?   a) 2 8 Z = 2 8 0

a) 28 Z   b) 73 Z   c) 98 Z   d) 13 Z   e) 67 Z   f) 25 Z
   49 Z   37 Z   60 Z   54 Z   88 Z   70 Z

4 Wie viele Zehner sind es?   a) 3 5 0 = 3 5 Z

a) 350   b) 400   c) 460   d) 120   e) 290   f) 530
   720   810   640   990   920   850

50

Kreative Aufgaben: Zahlenrätsel mit der Waage

1 Wie viel Gramm wiegt die Tüte?
a)
b)

2 Wie viel Gramm wiegt eine Tüte?
a)   b)

3 Andere Farbe, anderes Gewicht. Wie viel Gramm wiegen die Tüten?
a)
b)
c)

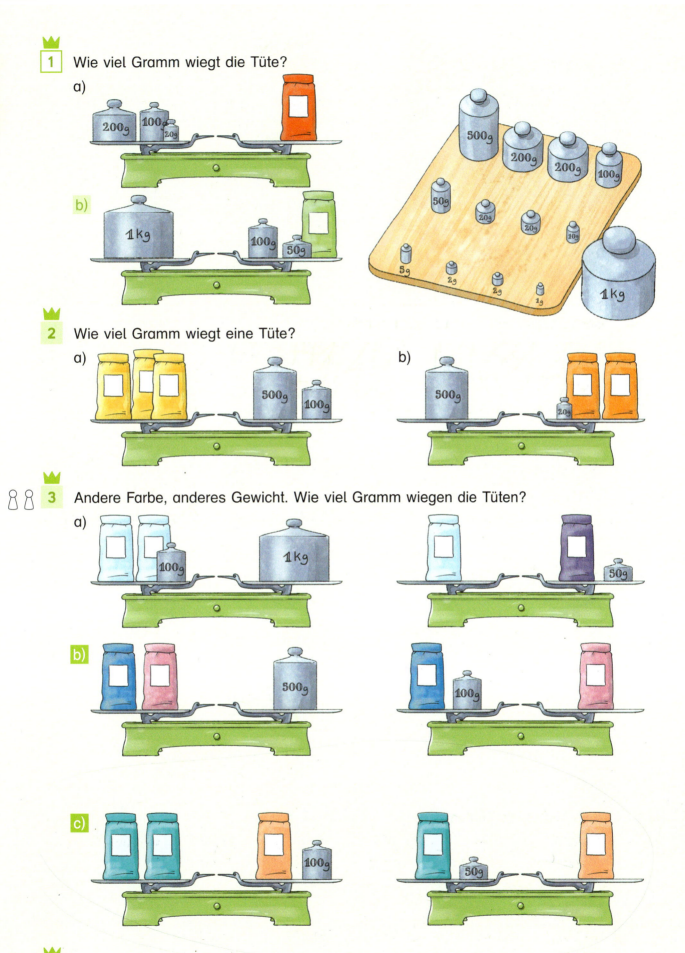

4 Erfindet eigene Zahlenrätsel mit der Waage.

Kopiervorlage auf DVD Digitale Lehrermaterialien 3 oder als kostenloser Download

51

Große Gewichte

1. Familie Dura hat sich gewogen.
   a) Wer ist am schwersten?
   b) Wer ist am leichtesten?
   c) Wie schwer ist die Mutter?
   d) Die Zwillinge sind gleich schwer. Wie viel wiegt jedes Mädchen?
   e) Wie viel wiegt der Sohn?
   f) Wer wiegt mehr – der Vater oder alle vier Kinder zusammen?
   g) Wie schwer ist die gesamte Familie mit Hund?

2. Auch Familie Schmitz hat sich gewogen.
   Die Mutter wiegt 72 kg. Das Baby wiegt 6 kg.
   a) Die Tochter ist halb so schwer wie die Mutter.
   b) Der Vater wiegt 19 kg mehr als die Mutter.
   c) Die Oma wiegt 8 kg weniger als die Mutter.
   d) Wie viel wiegen alle zusammen?

3. a) Wie schwer bist du heute?
   b) Ein Baby wiegt bei der Geburt ungefähr 4 kg.
      Wie viel volle Kilogramm bist du heute schwerer?

Gewichte vergleichen

1 Ordne die Kinder nach dem Gewicht. Beginne mit dem schwersten Kind.
Welches Kind ist am leichtesten?

a)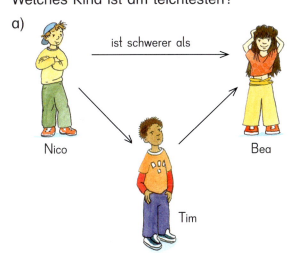

b)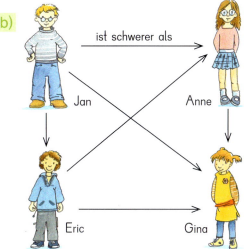

2 a) Zeichne ein Pfeilbild.

b) Welches Kind ist am schwersten? Welches Kind ist am leichtesten?

3 a) Zeichne ein Pfeilbild.

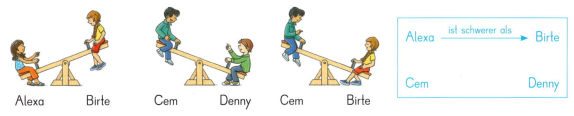

b) Welches Kind ist am leichtesten?

c) Welches Kind ist am schwersten? Jule meint: „Das ist noch nicht klar."
Begründe deine Antwort.

4 Von den Sonnen-Aufgaben zu den Nachbaraufgaben.

a) ☀ 2 · 8   b) ☀ 2 · 6   c) ☀ 5 · 8   d) ☀ 6 · 6   e) ☀ 5 · 7
    3 · 8   3 · 6   6 · 8   7 · 6   6 · 7

5 a) ☀ 5 · 6   b) ☀ 10 · 9   c) ☀ 5 · 3   d) ☀ 7 · 7   e) ☀ 10 · 4
    4 · 6   9 · 9   4 · 3   6 · 7   9 · 4

Rechentabelle als Lösungshilfe

So viel wiegen Zootiere:

Löwe	200 kg
Löwin	120 kg
Löwenbaby	2 kg
Gorillamännchen	200 kg
Gorillaweibchen	75 kg
Gorillababy	3 kg
Robbenmännchen	220 kg
Robbenweibchen	150 kg
Robbenbaby	15 kg

1 Gewinnspiel im Zoo. Gesucht wird das Gewicht aller Löwinnen zusammen. Im Zoo leben zur Zeit acht Löwinnen. Lies, wie viel eine Löwin wiegt.

Anzahl	1	2	4	8
Gewicht (kg)	120	240		

Doppelte Anzahl – doppeltes Gewicht

2 Weitere Fragen beim Gewinnspiel.
  a) Wie viel Kilogramm wiegen acht Gorillaweibchen?
  b) Wie viel Kilogramm wiegen acht Robbenbabys?

3 Nun umgekehrt.
  a) Wie viele Gorillababys wiegen zusammen 45 kg?
  b) Wie viele Robbenweibchen wiegen zusammen 900 kg?

Anzahl	1	5	10	
Gewicht (kg)	3	15		

4 Richtig oder falsch?

Tina: Ein Löwe wiegt so viel wie ein Gorillamännchen.
Jonas: Ein Robbenbaby wiegt fünfmal so viel wie ein Gorillababy.
Paula: Ein Gorillababy wiegt fünfmal so viel wie ein Löwenbaby.
Fabian: Vier Gorillaweibchen wiegen so viel wie ein Gorillamännchen.
Findet eigene Aufgaben.

54

9 3 1

Gorillas fressen im Urwald meist Blätter, Stängel und Farne. Manchmal fressen sie auch reife Früchte. Im Zoo bekommen sie dazu noch Spezialfutter.
Ein Gorilla im Zoo braucht 30 kg Futter pro Tag.

So viel fressen Zootiere an einem Tag:

Gorilla	30 kg Futter
Löwe	15 kg Futter
Giraffe	60 kg Futter
Elefant	75 kg Futter

1 Wie viel Kilogramm Futter frisst ein Gorilla in sechs Tagen?
Die Kinder lösen die Aufgabe mit einer Rechentabelle. Jedes Kind auf seine Weise.

Tage	1	2	3	4	5	6
Futter (kg)	30	60				

Ben

Tage	1	2	4	6
Futter (kg)	30	60		

Lisa

Tage	1	2	3	6
Futter (kg)	30	60		

Anna

2 Löse mit einer Rechentabelle.
a) Wie viel Kilogramm Futter frisst ein Elefant in acht Tagen?
b) Wie viel Kilogramm Futter fressen zwei Löwen in sechs Tagen?
c) Wie viel Kilogramm Futter fressen zwei Giraffen in vier Tagen?

3 Tierpfleger Max muss täglich zwei Elefanten, vier Giraffen und drei Gorillas füttern. Wie viel Kilogramm Futter muss er an einem Tag zubereiten?

4 Der Zoo hat noch 500 kg Futter als Vorrat für die Elefanten.
Max sagt: „Damit kommen meine zwei Elefanten drei Tage aus." Stimmt das?

5 Im Löwengehege leben zwei Löwen. Es sind noch 120 kg Fleisch im Kühlhaus. Wie lange reicht dieser Vorrat?

6 Manche Tiere können nur schwer in Zoos gehalten werden, weil sie besondere Nahrung brauchen, die nicht überall wächst. Dazu gehören die Koalas.

Der Koala ist ein Beuteltier. Koalas gibt es nur in Australien. Ein Männchen wiegt bis zu 14 kg und frisst pro Tag etwa 250 g Eukalyptusblätter. Koalas fressen aber nur ganz bestimmte Eukalyptusarten.

a) Für wie viele Tage reicht 1 kg Eukalyptusblätter?
b) Wie viel Eukalyptus braucht ein Koala in einem Monat?

1 Monat = 30 Tage

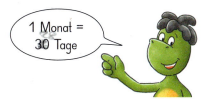

Nach dieser Seite empfiehlt sich Diagnosetest D7.

55

Kannst du das noch?

1 Stellentafel   4   2   8

a) Bilde dreistellige Zahlen und schreibe sie auf.

b) Wie heißt die größte Zahl? Unterstreiche sie rot.

c) Wie heißt die kleinste Zahl? Unterstreiche sie blau.

2
a) 470 + 300   b) 234 + 500
470 + 30   234 + 50
470 + 3   234 + 5

c) 680 − 400   d) 875 − 600
680 − 40   875 − 60
680 − 4   875 − 6

3 Rechnen in einem Hunderter

a) 26 + 41   b) 57 + 36
526 + 41   357 + 36

c) 67 − 53   d) 85 − 68
267 − 53   485 − 68

4 Rechnen über den Hunderter

a) 270 + 60   b) 390 + 120
560 + 50   607 + 205

c) 820 − 50   d) 520 − 240
910 − 70   704 − 305

5 Bauen mit Würfeln

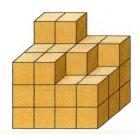
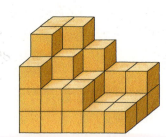

a) Zeichne Baupläne zu den Würfelgebäuden.

b) Wie viele kleine Würfel wurden verbaut?

6 Schreibe alle Beträge als Kommazahlen. Ordne sie. Beginne mit dem kleinsten Wert.

a)   3,99 €   309 ct   3 € 90 ct   390 €

b)   4,40 €   4 € 14 ct   4 € 4 ct   44 ct

7 Ordne die Gewichte richtig zu.

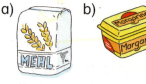 

a)   b)   c)

d)   e)

100 g   250 g   500 g   1 kg   35 kg

56

Kannst du das auch?

 *Jede Aufgabe ist anders.*

 *Manchmal gibt es mehrere Lösungen.*

1 Welche Reihenfolge ist richtig?

A: Minute – Sekunde – Stunde – Tag

B: Tag – Minute – Sekunde – Stunde

C: Sekunde – Minute – Stunde – Tag

D: Tag – Stunde – Minute – Sekunde

2 An der Wand fehlen Fliesen. Wie viele rote Fliesen fehlen?

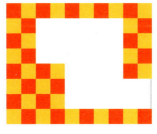

A: 11   B: 15   C: 17   D: 21

3 Multipliziere die drei Ziffern der Zahl. Bei welchen Zahlen ist das Ergebnis kleiner als die Quersumme der Zahl?

A: 115   B: 222   C: 309   D: 412

4 Metin denkt sich eine Zahl. Er kann sie fünfmal ohne Rest halbieren. Welche Zahl passt?

A: 32   B: 80   C: 96   D: 100

5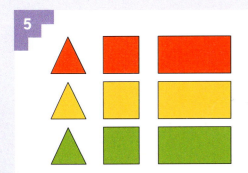

Auf wie viele verschiedene Weisen kannst du dieses Haus legen?

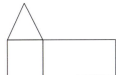

A: 27   B: 20   C: 12   D: 9

6 Auf welchen Kreisen ist ein Viertel gefärbt?

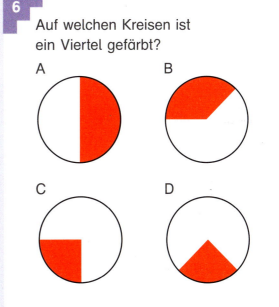

Zehner-Einmaleins

1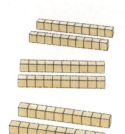

2 a) 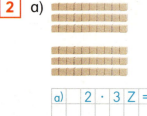 b) 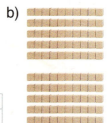 c) 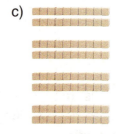 d)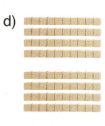

a)	2 · 3 Z = 6 Z
	2 · 30 = 60

3 a) 4 · 6 Z   b) 5 · 9 Z   c) 8 · 4 Z   d) 5 · 3 Z   e) 6 · 2 Z
    4 · 60   5 · 90   8 · 40   5 · 30   6 · 20

4 a) 8 · 20   b) 4 · 90   c) 6 · 40   d) 9 · 30   e) 5 · 60
    3 · 20   3 · 90   7 · 40   8 · 30   7 · 60

f) Schreibe zwei weitere Päckchen.

5 a) 140 = ___ · 70   b) 400 = ___ · 80   c) 160 = ___ · 40   d) 150 = ___ · 60
    210 = ___ · 70   480 = ___ · 80   360 = ___ · 40   350 = ___ · 50

6 Denke immer an die Tauschaufgabe.
    a) 50 · 2   b) 90 · 7   c) 40 · 8   d) 70 · 3   e) 80 · 6
       50 · 4   90 · 8   40 · 9   70 · 5   80 · 3

7 a) 160 = ___ · 2   b) 210 = ___ · 3   c) 250 = ___ · 5   d) 630 = ___ · 7
    180 = ___ · 3   270 = ___ · 9   360 = ___ · 6   480 = ___ · 8

8 Finde Mal-Aufgaben zu den Zahlen.
    a) 240   b) 180   c) 360   d) 540   e) 210   f) 420

Multipliziere 4 und 70.
4 · 70 = 280
Das Produkt ist 280.

9 a) Multipliziere 9 und 70.
b) Multipliziere 60 und 8.
c) Multipliziere 4 und 50. Verdopple das Produkt.

Multiplizieren

1 Ein Baum mit _____ wird Laubbaum genannt.

3 · 40
6 · 50
9 · 20
4 · 60
3 · 80
9 · 40
5 · 30
2 · 70

2 Die a) _____ kann über 1000 Jahre alt werden. Sie kann eine Höhe von 40 Metern erreichen. Das Holz der Eiche wird häufig zur Herstellung von b) _____ verwendet.

a) 4 · 90   b) 6 · 70
7 · 80   3 · 30
9 · 70   2 · 60
5 · 40   5 · 80
6 · 60   6 · 50
                  7 · 20

3 Die a) _____ ist mit einem Alter von bis zu 200 Jahren deutlich jünger. Eine Besonderheit ist die b) _____, die glatt und silbrig-weiß ist und schwarze Flecken hat.

a) 1 · 90 + 30
9 · 60 + 20
6 · 20 + 30
7 · 90 + 70
5 · 70 + 10

b) 10 · 20 − 50
10 · 60 − 40
20 · 10 − 60
30 · 10 − 20
40 · 10 − 40

4 Auch die a) _____ kann bis zu 200 Jahre alt werden. Ihre Früchte sind von grünen, stacheligen b) _____ umgeben. Wenn sie reif sind, platzt die Schale auf und die Kastanien fallen vom Baum.

a) 9 · 80 − 20
9 · 90 + 40
8 · 60 − 20
4 · 70 − 40
10 · 90 − 50
2 · 90 − 40
6 · 90 + 20
8 · 60 − 80

b) 5 · 100 − 40
7 · 100 − 70
4 · 70 − 80
9 · 100 − 50
4 · 80 − 20
7 · 70 − 90
2 · 100 − 60

90	120	140	150	180	200	240	280	300	360	400	420	460	560	630	700	850
Ö	B	N	R	Ä	H	T	D	L	E	E	M	S	I	C	K	A

59

Dividieren

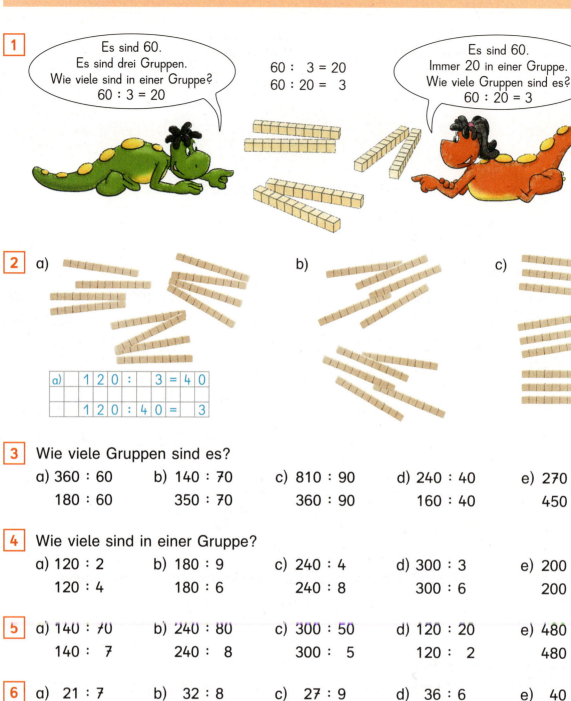

3 Wie viele Gruppen sind es?
a) 360 : 60   b) 140 : 70   c) 810 : 90   d) 240 : 40   e) 270 : 90
   180 : 60   350 : 70   360 : 90   160 : 40   450 : 90

4 Wie viele sind in einer Gruppe?
a) 120 : 2   b) 180 : 9   c) 240 : 4   d) 300 : 3   e) 200 : 2
   120 : 4   180 : 6   240 : 8   300 : 6   200 : 4

5 a) 140 : 70   b) 240 : 80   c) 300 : 50   d) 120 : 20   e) 480 : 60
      140 : 7   240 : 8   300 : 5   120 : 2   480 : 6

6 a) 21 : 7   b) 32 : 8   c) 27 : 9   d) 36 : 6   e) 40 : 8
      210 : 7   320 : 8   270 : 9   360 : 6   400 : 8

8 Finde einen Malduin. In einem Ohr steht die 10.

| Dividiere 200 durch 40. |
| 200 : 40 = 5 |
| Das Ergebnis ist 5. |

9 a) Dividiere 400 durch 80.
b) Dividiere 240 durch 6.
c) Dividiere 350 durch 7. Verdopple das Ergebnis.

Rechnen mit 100, 50, 25

1

2 Wie viele Fünfziger sind es? Schreibe wie in Aufgabe 1.

a)   b)   c)

3 Zeichne, dann rechne.

a) 300 : 100   b) 200 : 100   c) 400 : 100   d) 600 : 100   e) 1000 : 100
   300 : 50   200 : 50   400 : 50   600 : 50   1000 : 50

f) Was fällt dir auf? Das zweite Ergebnis ist immer ...... so groß wie das erste.

g) Schreibe ein eigenes Päckchen.

4

5 Wie viele 25er sind es? Schreibe eine Mal-Aufgabe und eine Durch-Aufgabe.

a)   b)    c)

6 Zeichne, dann rechne.

a) 100 : 100   b) 200 : 100   c) 300 : 100   d) 500 : 100   e) 1000 : 100
   100 : 25   200 : 25   300 : 25   500 : 25   1000 : 25

f) Was fällt dir auf? Das zweite Ergebnis ist immer ...... so groß wie das erste.

g) Schreibe ein eigenes Päckchen.

7 a) 100 : 50   b) 200 : 50   c) 150 : 50   d) 250 : 50   e) 350 : 50
    100 : 25   200 : 25   150 : 25   250 : 25   350 : 25

f) Was fällt dir auf? Das zweite Ergebnis ist immer ...... so groß wie das erste.

g) Schreibe ein eigenes Päckchen.

8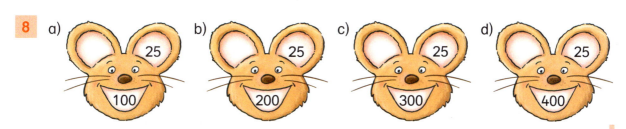

Kreative Aufgaben: Malplus

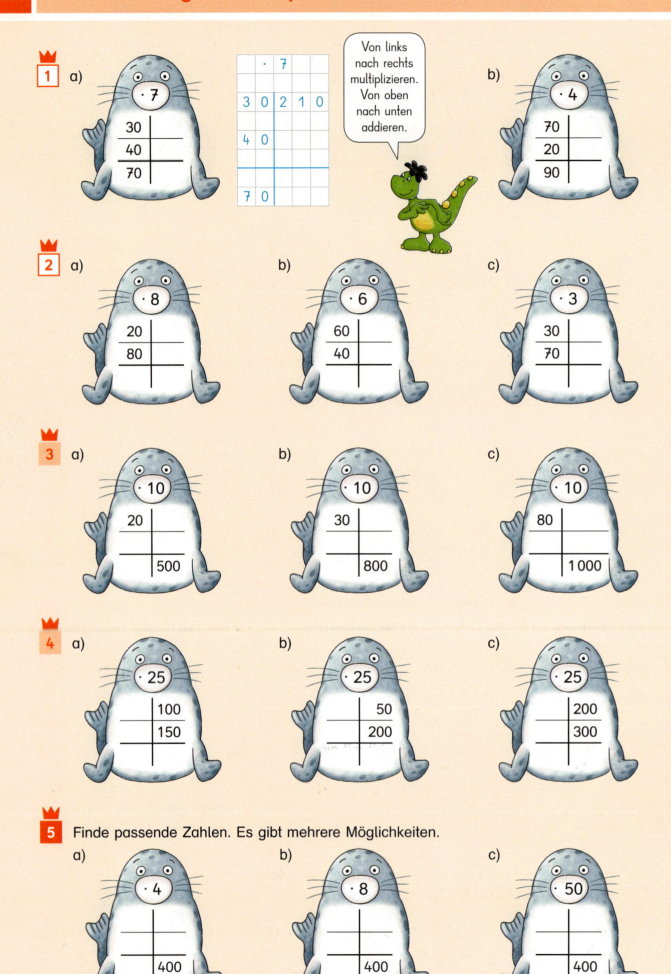

Multiplizieren mit Geld

1 Wie teuer sind die Waren? Rechne in Cent. Dann wandle um in Euro.

a)    a) 6 · 70 ct = 420 ct   1 Euro (€)
                          6 · 70 ct = 4,20 €   =
                                                   100 Cent (ct)

b)    c)   d)

2 Wie teuer sind die Waren? Schreibe in Euro.

a) 2 Bund Radieschen   b) 6 Äpfel   c) 3 Gurken   d) 6 Kiwis

3 a) 3 · 60 ct   b) 9 · 70 ct   c) 8 · 90 ct   d) 7 · 60 ct   e) 5 · 25 ct
       7 · 40 ct   6 · 20 ct   5 · 50 ct   3 · 90 ct   7 · 25 ct
       120 ct   125 ct   150 ct   175 ct   180 ct   250 ct   270 ct   280 ct   420 ct   630 ct   720 ct

4 Laura kauft Radieschen. Sie bezahlt mit einer 2-€-Münze und bekommt 20 Cent zurück.
Schreibe Frage (F), Lösung (L) und Antwort (A) auf.

a) Wie viel hat sie bezahlt?
b) Wie viel Bund Radieschen hat sie gekauft?

5 Nico kauft acht Kiwis. Er bezahlt mit einem 5-€-Schein.
Wie viel Geld bekommt Nico zurück?

6 Frau Arp kauft Kiwis und fünf Birnen. Sie bezahlt dafür genau 5 Euro.
Wie viele Kiwis kauft Frau Arp?

7 Schreibe eine eigene Rechengeschichte.

Nach dieser Seite empfiehlt sich Diagnosetest D8.

Quader und Würfel

1 Baut einen Quader. Ihr braucht lange , mittlere und kurze Kanten.

2 Schreibt zu eurem Quader ein Plakat. Die Tipp-Karten können helfen.
Achtung: Nicht alle Tipp-Karten passen zu eurem Quader.

Unser Quader ...
... hat ___ Ecken.
... hat ___ Kanten.
... hat ___ kurze Kanten
___ mittlere Kanten
___ lange Kanten.
... ist hoch, wenn man ihn hinstellt, ist flach, wenn man ihn hinlegt.
... ist immer gleich hoch, egal wie man ihn hinlegt.
... hat Kanten, die alle gleich lang sind.

3 Aus welchen Kanten haben die Kinder den Quader gebaut?

a) | 4 lange Kanten, ___ mittlere Kanten, 4 kurze Kanten.

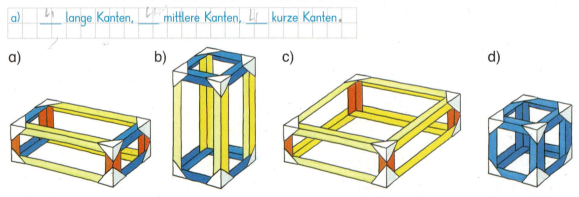

a)   b)   c)   d)

4 Diese Quader sind noch nicht fertig. Wie viele lange, mittlere und kurze Kanten fehlen noch? Wie viele Ecken fehlen noch?

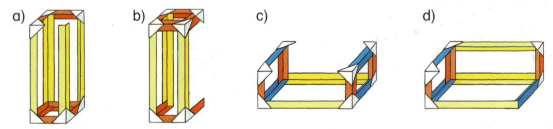

a)   b)   c)   d)

Körpermodelle

1 Stellt euch vor, ihr beklebt euren Quader mit Seitenflächen.
Schreibt weiter an eurem Plakat. Was passt zu eurem Quader?

... hat __ Flächen.

... hat __ quadratische Flächen.

... hat __ rechteckige Flächen.

2 Vergleicht die fertigen Plakate in eurer Klasse.
Findet Sätze, die auf allen Plakaten stehen.

3 Die Kinder überlegen, welche Formen sie für die Seitenflächen ihres Quaders verwenden sollen. Kann das sein? Begründe deine Antwort.

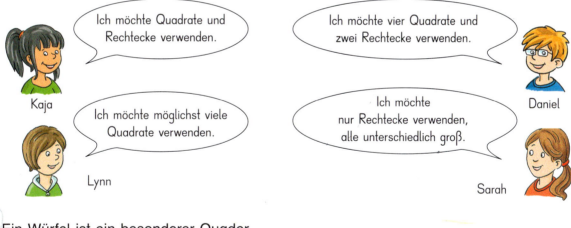

Kaja: Ich möchte Quadrate und Rechtecke verwenden.

Daniel: Ich möchte vier Quadrate und zwei Rechtecke verwenden.

Lynn: Ich möchte möglichst viele Quadrate verwenden.

Sarah: Ich möchte nur Rechtecke verwenden, alle unterschiedlich groß.

4 Ein Würfel ist ein besonderer Quader.

Ein Würfel ...
... hat __ Ecken.
... hat __ Kanten, alle gleich lang.
... hat __ Flächen. Ihre Form ist quadratisch.

5 Was stimmt hier nicht?

a) 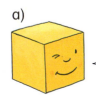 Ich habe 8 Ecken. In jeder Ecke kommen 3 Kanten zusammen. Also habe ich 24 Kanten.

b) Ich habe 12 Kanten. Jede Seitenfläche hat 4 Kanten. Also habe ich 3 Seitenflächen.

65

Würfelnetze

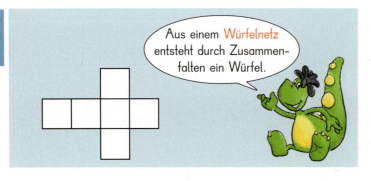

Aus einem Würfelnetz entsteht durch Zusammenfalten ein Würfel.

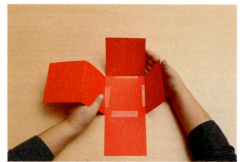

1 Baue einen Würfel. Du hast zwei Netze zur Auswahl. Nur eines ist ein Würfelnetz. Welches?

Netz A   Netz B

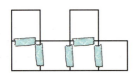

Tipp:
Du brauchst sechs quadratische Papiere und Klebeband.
1. Lege die Quadrate so wie im Bild.
2. Verbinde sie mit Klebestreifen.
3. Überprüfe durch Zusammenfalten, ob ein Würfel entsteht.

2 Findet möglichst viele verschiedene Würfelnetze. So könnt ihr vorgehen:

Legt immer zuerst diese drei Quadrate.

Legt dann drei weitere Quadrate an.

Verbindet die Quadrate mit Klebestreifen. Überprüft durch Zusammenfalten, ob ein Würfel entsteht.

3 Die Kinder haben ihre Würfelnetze auf ein Plakat gelegt.

a) Es gibt Netze, die keine Würfelnetze sind. Welche? Warum?
b) Es sind Würfelnetze doppelt da. Welche?

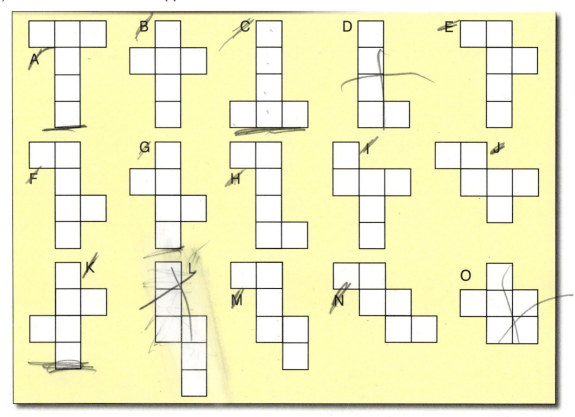

1 a) Zeichne diese Würfelnetze auf kariertes Papier.

1   h   l   u

2   u

3   u

4   u

5   u

6   u

7   u

b) Falte die Würfelnetze in Gedanken zu einem Würfel.
Die blaue Fläche liegt unten (u). Wo liegen die anderen Flächen?
Beschrifte so: vorne (v), links (l), oben (o), hinten (h), rechts (r)

c) Färbe Flächen, die gegenüber liegen, in derselben Farbe.

Prüfe durch
Ausschneiden
und Falten.

2 Das sind keine Würfelnetze. Falte in Gedanken. Welche Fläche ist doppelt?
Zeichne die Netze richtig in dein Heft. Es gibt immer zwei Lösungen.

a)   u

b)   u

c)   u

3 Das sind keine Würfelnetze. Falte in Gedanken. Welche Fläche fehlt?
Zeichne die Netze richtig in dein Heft. Es gibt verschiedene Lösungen.

a)   u

b)   u

c)   u

4 Falsche Würfelnetze. In jede Kiste gehören zwei Netze. Überprüft und ordnet zu.

nicht genau
sechs Quadrate

fünf Quadrate
in einer Reihe

vier Quadrate mit
gemeinsamem Eckpunkt

A   B   C   D   E   F

Nach dieser Seite empfiehlt sich Diagnosetest D9.

67

Multiplizieren und Dividieren

1 Leichte Aufgaben und schwere Aufgaben.
Kannst du auch die schweren Aufgaben rechnen?

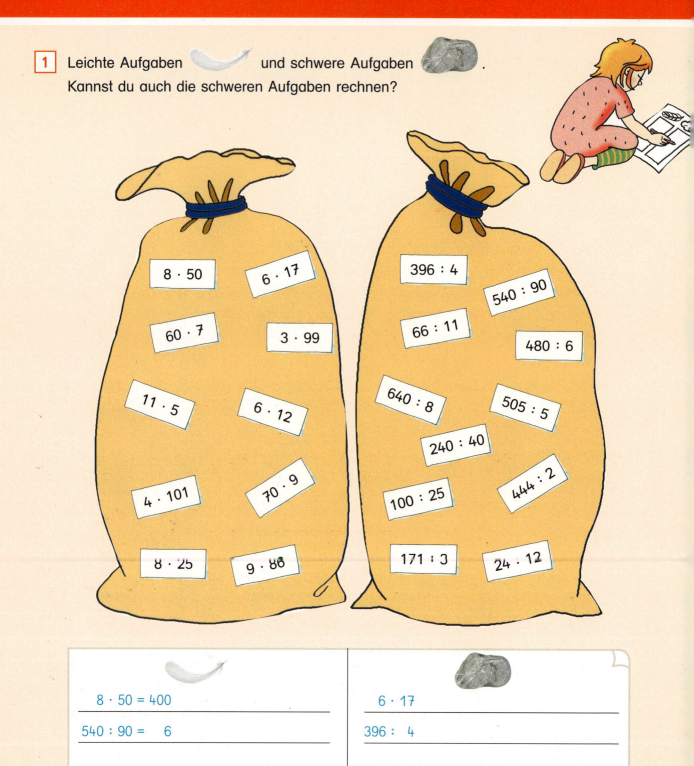

| 8 · 50 = 400 | 6 · 17 |
| 540 : 90 = 6 | 396 : 4 |

2 a) Multipliziere. Schreibe fünf leichte und fünf schwere Aufgaben.
Das Produkt soll unter 1000 liegen.
b) Dividiere. Schreibe fünf leichte und fünf schwere Aufgaben.

Kannst du auch die schweren Aufgaben rechnen?

Multiplizieren mit Einern

1 3 · 24

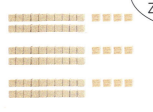

3 · 2 Z = 6 Z
3 · 4 E = 12 E
Zusammen 7 Z 2 E.
Sarah

3 · 24 = 72
3 · 20 = 60
3 · 4 = 12
Leo

60 + 12 = 72
Alex

Erst die Zehner.

2 a) 5 · 23   b) 4 · 26   c) 9 · 24   d) 5 · 22   e) 3 · 28   f) 4 · 27
       6 · 23   6 · 26   5 · 24   7 · 22   5 · 28   7 · 27

84 104 108 110 115 120 138 140 154 156 161 189 216

3 Alle Ergebnisse haben die Quersumme 9.
   a) 5 · 18   b) 7 · 45   c) 1 · 63   d) 4 · 18   e) 9 · 12   f) 4 · 81
      5 · 27   8 · 54   4 · 36   5 · 81   6 · 42   6 · 12

4 a) 10 · 12   b) 10 · 18   c) 10 · 24   d) 10 · 25   e) 10 · 36   f) 10 · 42
      5 · 12   5 · 18   5 · 24   5 · 25   5 · 36   5 · 42

g) Vergleiche in jedem Päckchen die Ergebnisse.
   Das erste Ergebnis ist immer .... vom zweiten Ergebnis.

5 a) 3 · 37   b) 3 · 35   c) 3 · 74   d) 2 · 56   e) 2 · 53   f) 2 · 66
      6 · 37   6 · 35   6 · 74   4 · 56   4 · 53   4 · 66

g) Das erste Ergebnis ist immer .... vom zweiten Ergebnis.

6 a) 6 · 15   b) 6 · 45   c) 8 · 25   d) 8 · 35   e) 4 · 13   f) 4 · 55
      3 · 30   3 · 90   4 · 50   4 · 70   2 · 26   2 · 110

g) Die erste Zahl wird halbiert, die zweite Zahl wird .... Das Ergebnis ....

h) Finde zwei weitere Päckchen nach dieser Regel.

7 a) 5 · 33   b) 2 · 99   c) 6 · 33   d) 7 · 44   e) 8 · 55   f) 9 · 66
      3 · 55   9 · 22   3 · 66   4 · 77   5 · 88   6 · 99

g) Die beiden Ergebnisse sind ....   h) Finde zwei weitere Päckchen.

8 Erst die Hunderter, dann die Einer.
   a) 4 · 108   b) 6 · 102   c) 2 · 407
      3 · 105   7 · 106   3 · 305

315 432 515 612 742 814 915

Erst die Hunderter.

9 Erst die Hunderter, dann die Zehner.
   a) 5 · 160   b) 6 · 150   c) 2 · 370
      5 · 190   6 · 130   2 · 460

740 780 800 860 900 920 950

69

Fehlerforscher und Zahlenblick

1 Immer zwei Fehler-Aufgaben gehören in eine Kiste. Überprüfe und ordne zu. Dann rechne richtig.

Kisten:
- Einmaleinsaufgabe falsch gerechnet
- Ergebnisse falsch addiert
- Nicht alle Stellen multipliziert
- H, Z, E nicht beachtet

a) rote Kiste

a) 3 · 18 = 46
    3 · 10 = 30
    3 · 8 = 16

b) 7 · 74 = 508
    7 · 70 = 490
    7 · 4 = 28

c) 9 · 47 = 323
    9 · 40 = 360
    9 · 7 = 63

d) 5 · 37 = 50
    5 · 3 = 15
    5 · 7 = 35

e) 3 · 68 = 188
f) 4 · 120 = 408
g) 8 · 109 = 881
h) 5 · 107 = 507

2 Vier Aufgaben sind falsch gerechnet. In welche Kiste von Aufgabe 1 gehören sie? Rechne richtig.

a) 4 · 78 = 322
    4 · 70 = 280
    4 · 8 = 32

b) 6 · 54 = 316
    6 · 50 = 300
    6 · 4 = 16

c) 3 · 103 = 39
d) 5 · 109 = 545
e) 8 · 107 = 807

3 3 · 19

3 · 20, dann 3 weniger.

a) 3 · 19
    6 · 19

b) 4 · 39
    8 · 39

4
a) 5 · 19   b) 3 · 49   c) 4 · 79   d) 8 · 29   e) 7 · 29
   7 · 19   4 · 49   5 · 79   8 · 49   7 · 59

95   133   147   196   203   232   312   316   392   395   413

5
a) 2 · 99   b) 2 · 199   c) 4 · 199   d) 2 · 499
   7 · 99   3 · 199   2 · 299   5 · 199

198   398   597   598   693   697   796   995   998

6
a) 34 · 2 · 5   b) 28 · 5 · 2   c) 5 · 36 · 2   d) 2 · 52 · 5
   47 · 2 · 5   56 · 5 · 2   5 · 44 · 2   2 · 48 · 5

Erst schauen, dann rechnen.

7
a) 25 · 5 · 4   b) 25 · 5 · 6   c) 15 · 7 · 2   d) 35 · 6 · 2
   25 · 9 · 2   25 · 3 · 8   15 · 9 · 2   55 · 7 · 2

Kreative Aufgaben: Rechnen mit Ziffernkarten

 1 Drei Ziffernkarten, sechs Mal-Aufgaben.
Einstellige Zahl mal zweistellige Zahl.

a) [2] [7] [5]

| 2 · 75 = | 7 · 25 = | 5 · 72 = |
| 2 · 57 = | 7 · 52 = | 5 · 27 = |

b) Unterstreiche die Aufgabe mit dem größten Ergebnis rot
und die Aufgabe mit dem kleinsten Ergebnis grün.

 2 Drei Ziffernkarten, sechs Mal-Aufgaben. Einstellige Zahl mal zweistellige Zahl.

a) [3] [1] [9]

| 3 · 19 = | 1 · 39 = | 9 · 31 = |
| 3 · 91 = | 1 · 93 = | 9 · 13 = |

b) Unterstreiche die Aufgabe mit dem größten Ergebnis rot
und die Aufgabe mit dem kleinsten Ergebnis grün.

3 Legt und rechnet nur die Mal-Aufgabe mit dem größten Ergebnis.

a) [2] [9] [4]   b) [1] [8] [7]

Die größte Ziffer liegt ....

Die kleinste Ziffer liegt ....

4 a) Nehmt dieselben Ziffernkarten wie in Aufgabe 3.
Legt und rechnet nur die Mal-Aufgaben mit dem kleinsten Ergebnis.

b) Wie heißt die Regel?
Die kleinste Ziffer liegt ...., die größte Ziffer liegt ....

5 Legt und rechnet nur die Mal-Aufgaben mit einem Ergebnis unter 200.
Gibt es immer eine Lösung?

a) [2] [8] [6]   b) [7] [9] [1]   c) [3] [8] [9]

79   97   133   136   153   168   172

6 Legt und rechnet nur die Mal-Aufgaben mit einem Ergebnis über 400.
Gibt es immer eine Lösung?

a) [9] [0] [7]   b) [4] [8] [9]   c) [1] [4] [9]

432   630   630   752   756

7 Das Ergebnis soll zwischen 200 und 500 liegen.
Wähle drei Ziffernkarten. Welche nimmst du?
Dein Partner prüft nach.

[2] [6] [8] [0] [4] [7]

5 und **6** Hier bleibt keine Lösungszahl übrig.
Nach dieser Seite empfiehlt sich Diagnosetest D10.

71

Dividieren durch Einer

1   185 : 5

Bastian

185 : 5 = 37
150 : 5 = 30
35 : 5 = 7

185 : 5 = 37
100 : 5 = 20
50 : 5 = 10
35 : 5 = 7

Leonie

Erst das Grobe, dann das Feine.

2   a) 200 : 5   b) 120 : 4   c) 300 : 6   d) 160 : 8   e) 420 : 7
     205 : 5   128 : 4   306 : 6   168 : 8   427 : 7
     220 : 5   136 : 4   318 : 6   184 : 8   434 : 7

20   21   23   30   32   34   40   41   43   44   50   51   53   60   61   62

3   a) 70 : 5   b) 84 : 7   c) 126 : 6   d) 369 : 9   e) 192 : 8
     95 : 5   91 : 7   132 : 6   207 : 9   144 : 8

12   13   14   18   19   21   22   23   24   25   41

4 Mit welcher Zahl aus der Fünfziger-Reihe beginnst du? Wähle und rechne.

     a) 370 : 5   b) 90 : 5   c) 260 : 5   d) 480 : 5   e) 155 : 5

50   100   150   200   250   300   350   400   450   500

5 Mit welcher Zahl aus der Vierziger-Reihe beginnst du?

     a) 296 : 4   b) 124 : 4   c) 388 : 4   d) 212 : 4   e) 76 : 4

40   80   120   160   200   240   280   320   360   400

6 Mit welcher Zahl aus der Siebziger-Reihe beginnst du?

     a) 203 : 7   b) 308 : 7   c) 511 : 7   d) 406 : 7   e) 602 : 7

70   140   210   280   350   420   490   560   630   700

7 Finde erst die passende Zahl aus dem Zehner-Einmaleins. Dann rechne.

     a) 135 : 5   b) 256 : 4   c) 154 : 7   d) 388 : 4   e) 525 : 7
     370 : 5   124 : 4   378 : 7   276 : 4   651 : 7

22   27   31   54   64   69   74   75   76   93   97

8   a) 252 : 6   b) 656 : 8   c) 225 : 9   d) 174 : 3   e) 594 : 9
     312 : 6   576 : 8   414 : 9   201 : 3   728 : 8

25   42   46   52   58   66   67   68   72   82   91

Den Zahlenblick schärfen

1 Rechne die Helferaufgabe.

 Ich rechne 500 durch 5, dann 1 mehr.

 Ich rechne 500 durch 5, dann 1 weniger.

2 a) 400 : 4   b) 600 : 6   c) 800 : 8   d) 400 : 2   e) 900 : 3
   404 : 4   606 : 6   808 : 8   402 : 2   903 : 3
   396 : 4   594 : 6   792 : 8   398 : 2   897 : 3

f) Finde ein weiteres Päckchen.

3 Denke an die Helferaufgabe.

a) 505 : 5   b) 816 : 8   c) 728 : 7   d) 630 : 6   e) 963 : 9
   550 : 5   848 : 8   756 : 7   618 : 6   999 : 9

101   102   103   104   105   106   107   108   109   110   111

4 a) 606 : 3   b) 804 : 4   c) 400 : 2   d) 812 : 4   e) 630 : 3
   612 : 3   824 : 4   414 : 2   832 : 4   639 : 3

200   201   202   203   204   205   206   207   208   210   213

5 Rechne nur die drei Aufgaben, deren Ergebnis größer als 100 ist.

636 : 6   198 : 9   483 : 7   404 : 4   864 : 8

6 Rechne nur die drei Aufgaben, deren Ergebnis kleiner als 100 ist.

777 : 7   243 : 3   365 : 5   981 : 9   368 : 4

7 a) Tom darf 210 Minuten in der Woche fernsehen. Wie viele Minuten sind das am Tag?

b) Noah hat 84 Tage Ferien im Jahr. Wie viele Wochen sind das?

c) Hannahs Buch hat 156 Seiten. Hannah liest jeden Tag sechs Seiten. Wie viele Tage braucht sie, um das ganze Buch zu lesen?

d) Bens Buch hat 124 Seiten. Ben liest jeden Tag vier Seiten. Schafft er es, das ganze Buch in einem Monat zu lesen?

8 Hier bleibt ein Rest.

a) 17 : 3   b) 36 : 5   c) 17 : 6   d) 65 : 8   e) 60 : 9
   25 : 3   48 : 5   43 : 6   44 : 8   30 : 9

9 a) 24 : 7   b) 41 : 6   c) 33 : 4   d) 13 : 2   e) 30 : 4
   24 : 5   41 : 7   33 : 8   13 : 3   30 : 7

73

Dividieren mit Rest

1 Zahlix und Zahline wollen 160 Murmeln gerecht auf sechs Beutel verteilen.

Erst 120 : 6, dann noch 40 : 6.

4 Murmeln bleiben als Rest.

160 : 6 = 26 Rest 4
120 : 6 = 20
40 : 6 = 6 Rest 4

2 a) 104 : 5   b) 182 : 3   c) 165 : 4   d) 420 : 8   e) 305 : 6
     114 : 5   200 : 3   170 : 4   430 : 8   320 : 6

20 R 4   22 R 4   41 R 1   42 R 2   47 R 3   50 R 5   52 R 4   53 R 2   53 R 6   60 R 2   66 R 2

3 Die beiden Aufgaben in einem Päckchen haben denselben Rest.

    a) 180 : 7   b) 470 : 8   c) 770 : 9   d) 130 : 7   e) 980 : 9
       390 : 7   550 : 8   320 : 9   620 : 7   620 : 9

4

a) Dividiere alle Zahlen durch 3. In jedem Korb sind zwei Ergebnisse.
b) Finde zu jedem Korb noch eine Zahl für die Wäscheleine.

5 a) Dividiere durch 10:   36   53   71   99   115   177   304   422   518
    b) Woran erkennst du, wie groß der Rest ist?

6 a) Dividiere durch 2:   35   98   121   226   302   410   503   637   864
    b) Wie heißt die Regel?
       Beim Teilen durch 2 bleibt kein Rest, wenn die letzte Ziffer ....

7 a) Dividiere durch 5:   76   125   132   155   304   450   508   520
    b) Wie heißt die Regel?
       Beim Teilen durch 5 bleibt kein Rest, wenn die letzte Ziffer ....

8

Rechne nur die Aufgaben ohne Rest.
    a) Dividiere durch 10.   b) Dividiere durch 2.   c) Dividiere durch 5.

Übungen

1 Bäume, die a) _____ tragen, heißen Nadelbäume.
Der bekannteste Nadelbaum ist die b) _____.
Sie kann bis zu 500 Jahre alt werden.
Die c) _____ der Tanne stehen
immer aufrecht am Zweig.

a) 9 · 40	b) 4 · 150	c) 4 · 109
7 · 60	2 · 210	4 · 105
5 · 16	3 · 120	4 · 108
6 · 52	2 · 180	5 · 104
8 · 25	3 · 104	3 · 104
4 · 90		5 · 72

2 Die a) _____ kann bis zu 60 Meter
hoch werden und ist einer der höchsten
Nadelbäume. Ihre Zapfen hängen immer
nach unten. Aus Fichtenholz wird auch
b) _____ hergestellt.

a) 8 · 65	b) 8 · 54
5 · 77	5 · 84
5 · 78	6 · 72
5 · 42	7 · 55
8 · 75	8 · 39
4 · 78	7 · 64

3 Die a) _____ ist in Deutschland
am meisten verbreitet.
Aus ihren Nadeln kann Öl gewonnen werden.
Ein b) _____ mit Kiefernöl hilft gegen Erkältung.

a) 618 : 3 + 20	b) 1000 : 4 − 60
915 : 3 + 80	900 : 2 − 30
906 : 3 + 10	900 : 6 − 70
1000 : 2 + 20	
604 : 2 + 10	
816 : 2 + 40	

80	190	200	210	226	312	360	385	390	420	432	436	448	520	600
D	B	L	H	K	E	N	I	C	A	P	Z	R	F	T

75

Rechnen mit Geld

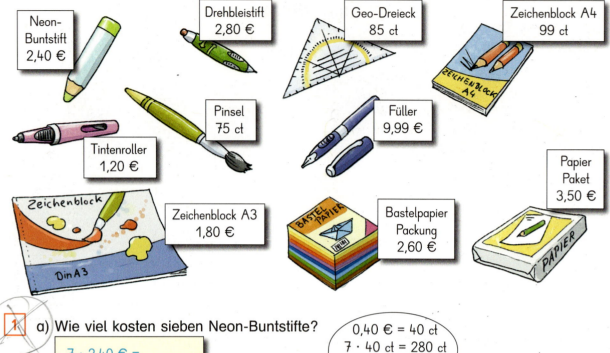

1 a) Wie viel kosten sieben Neon-Buntstifte?

7 · 2,40 € =
_____
7 · 2,00 € = 14,00 €
7 · 0,40 € = 2,80 €

0,40 € = 40 ct
7 · 40 ct = 280 ct
280 ct = 2,80 €

b) Wie viel kosten sechs Neon-Buntstifte?

2 Wie viel Euro kosten die Waren?
    a) sieben Zeichenblöcke A4   b) vier Drehbleistifte   c) drei Füller
    d) acht Tintenroller   e) neun Geo-Dreiecke   f) fünf Pinsel

3 Schreibe zweimal Frage (F), Lösung (L) und Antwort (A) auf.
Frau Knaup kauft fünf Packungen Papier. Sie zahlt mit einem 20-€-Schein.

4 Herr Wirt kauft sechs Packungen Bastelpapier. Er zahlt mit einem 20-€-Schein.

5 Frau Meis kauft sechs Pinsel. Sie zahlt mit einem 5-€-Schein.

6 Kauft selbst ein. Es darf nicht mehr als 20 € kosten. Bezahlt mit einem 20-€-Schein.

7 a) 3 · 5,70 €   b) 5 · 2,30 €   c) 6 · 2,05 €   d) 2 · 4,25 €   e) 4 · 3,50 €
    4 · 6,20 €   7 · 4,40 €   8 · 4,05 €   4 · 4,25 €   4 · 3,05 €

8 a) 230 + 40   b) 810 + 60   c) 390 + 30   d) 550 + 90   e) 70 + 170
    236 + 40   814 + 60   392 + 30   550 + 99   70 + 178

9 a) 540 + 207   b) 109 + 480   c) 448 + 202   d) 205 + 295   e) 260 + 199
    504 + 270   190 + 408   309 + 541   697 + 103   370 + 199

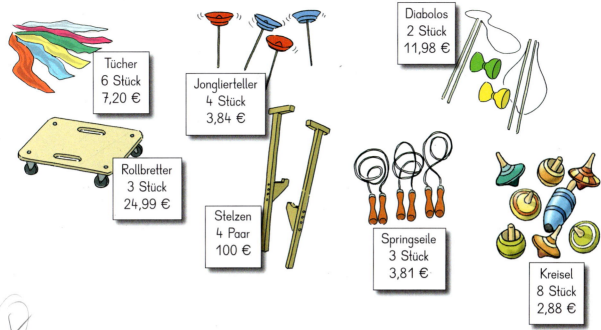

 a) Wie teuer ist ein Tuch?   b) Wie teuer ist ein Jongliertafel?

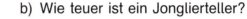

7,20 € : 6 = 1,20 €

600 ct : 6 = 100 ct
120 ct : 6 = 20 ct
                    Frederik

3,84 € : 4 = 96 ct

360 ct : 4 = 90 ct
24 ct : 4 = 6 ct
                 Jule

Rechne mit Cent. Dann wandle um in Euro.

 Wie teuer sind die Sachen einzeln?

a) ein Springseil   b) ein Kreisel   c) ein Diabolo   d) ein Paar Stelzen

 Wie teuer sind die Sachen? Berechne zuerst den Preis für ein Teil.

a) vier Tücher   b) drei Paar Stelzen
c) zwei Rollbretter   d) fünf Jongliertafel

 a) 6,18 € : 6   b) 6,18 € : 3   c) 3,20 € : 4   d) 5,94 € : 6
    5,25 € : 5   8,20 € : 4   8,56 € : 8   7,96 € : 4

0,80 €   0,99 €   1,03 €   1,05 €   1,07 €   1,37 €   1,99 €   2,05 €   2,06 €

 Beide Ergebnisse ergeben zusammen 2 Euro.

a) 6,30 € : 6   b) 5,76 € : 6   c) 8,48 € : 8   d) 7,83 € : 9
    2,85 € : 3   5,20 € : 5   6,58 € : 7   3,39 € : 3

 a) 370 − 40   b) 930 − 80   c) 720 − 40   d) 560 − 30   e) 610 − 30
    372 − 40   937 − 80   725 − 40   560 − 32   610 − 35

7 a) 246 − 146   b) 582 − 280   c) 867 − 865   d) 932 − 929   e) 746 − 199
    773 − 473   654 − 304   435 − 434   302 − 298   388 − 199

Kreative Aufgaben: Malplus

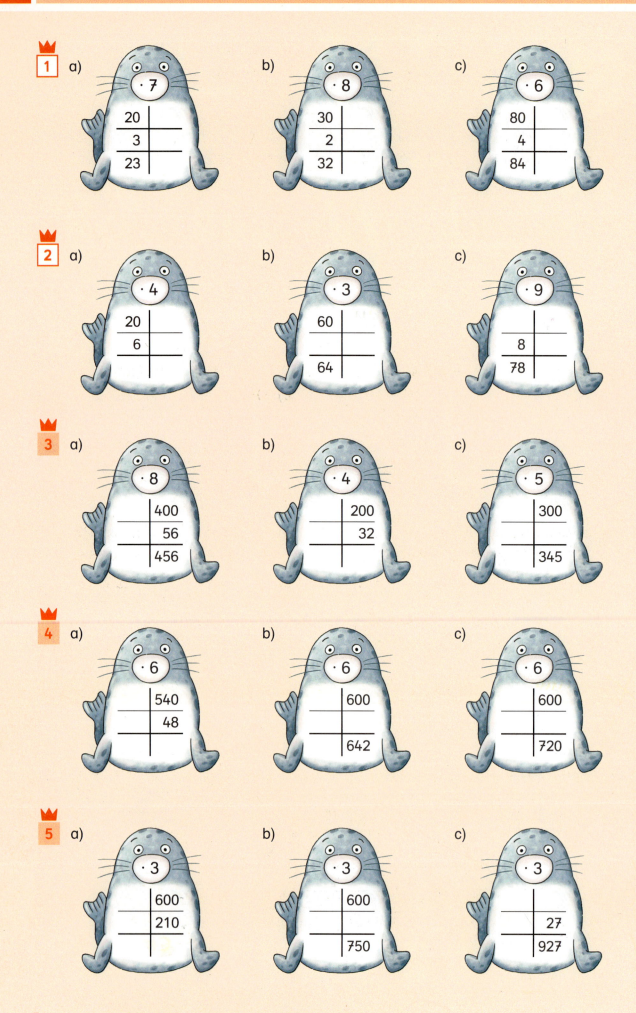

Leicht oder schwer ?

1 a) 7 · 60   b) 50 · 9
   4 · 70   80 · 5

2 a) 270 : 30   b) 480 : 8
   720 : 90   350 : 7

3 a) 10 · 30 + 40   b) 10 · 70 − 40
   20 · 10 + 80   50 · 10 − 30

4 a) 600 : 100   b) 250 : 50
   600 : 50   250 : 25

5 a) 5 · 23   b) 6 · 103
   6 · 57   8 · 105

6 a) 324 : 6   b) 525 : 5
   600 : 8   840 : 4

7  Tipp für die 9

a) 8 · 49
   6 · 99
b) 3 · 299
   5 · 199

8 Denke an die Helferaufgabe.
 a) 707 : 7   b) 198 : 2
   510 : 5   495 : 5
   864 : 8   366 : 6

9 a) Lara kauft drei Pinsel.
     Ein Pinsel kostet 75 Cent.
   b) Lara zahlt mit einem
     10-€-Schein.

10 a) 4 · 1,25 €   b) 5 · 3,60 €
    2 · 5,35 €   6 · 4,05 €
   c) 3,50 € : 5   d) 4,80 € : 4
    1,60 € : 5   6,15 € : 3

11 Finde passende Zahlen.   Es gibt viele Möglichkeiten.

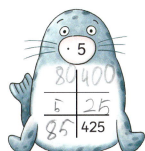

Längen und Daten

1 Kilometer (km), Meter (m), Zentimeter (cm) oder Millimeter (mm)?

b) Länge des Schulweges: 2 km

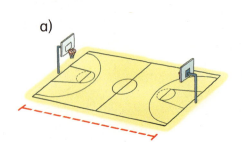

a) Länge des Basketballfeldes: 26 m

c) Durchmesser des Basketballkorbs: 50 cm

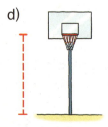

d) Höhe des Basketballkorbs: 305 cm

e) Spitze der Ballpumpe: 32 mm

f) Umfang des Basketballs: 58 cm

g) Eine Runde in der Turnhalle: 80 m

2 Ordnet zu.

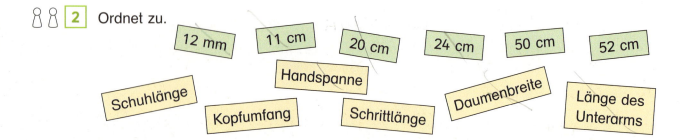

12 mm, 11 cm, 20 cm, 24 cm, 50 cm, 52 cm

Schuhlänge, Handspanne, Kopfumfang, Schrittlänge, Daumenbreite, Länge des Unterarms

Zentimeter und Millimeter

 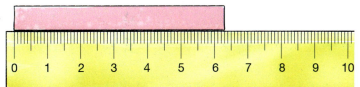

10 Millimeter = 1 Zentimeter
10 mm = 1 cm
63 mm = 6 cm 3 mm

Wie lang ist der Streifen?
Luca meint: „Etwas länger als 6 cm."
Nina sagt es genauer: „6 Zentimeter und 3 Millimeter."
Luca antwortet: „Es sind genau 63 Millimeter."

2 Wie lang sind die Streifen?
a) b)
c) d)
e) f)

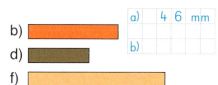

3 Hier sind Schmetterlinge in Originalgröße abgebildet.
Miss ihre Spannweiten und vergleiche sie.

Kleiner Eisvogel   Tagpfauenauge   Bläuling

 Markiere den Anfang.   Markiere das Ende.
Zeichne die Strecke.

 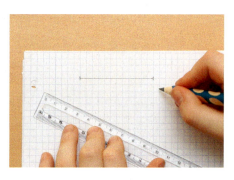

Zeichne die Strecken mit dem Lineal. Wie viel Millimeter sind es?
a) 5 cm 7 mm   b) 3 cm 3 mm   c) 1 cm 4 mm   a) 5 cm 7 mm = 57 mm

 Zeichne die Strecken mit dem Lineal. Wie viel Zentimeter und Millimeter sind es?
a) 76 mm   b) 47 mm   c) 90 mm   d) 103 mm   e) 31 mm   f) 114 mm

 Ordne nach der Länge, von klein nach groß.
a) 4 m / 4 mm / 40 cm / 40 mm / 44 cm   b) 9 cm / 9 mm / 90 m / 90 cm / 99 mm

Meter und Zentimeter

Messergebnisse	
Timo	2 m 13 cm
Julia	1 m 80 cm
Hannah	1 m 99 cm
Lena	2 m 48 cm
Nils	1 m 65 cm

1 Die Kinder der Klasse 3c haben Spielzeugautos mitgebracht. Sie messen mit dem Maßband, wie weit ihre Autos rollen. Wer hat gewonnen? Schreibe die Reihenfolge der Plätze auf.

| 1. Platz | Lena |
| 2. Platz | |

2 Wie viel Zentimeter sind die Fahrzeuge gerollt? Timo: 2 m 13 cm = 213 cm

3 Gib die Längen in Zentimeter an.

a) 5 m 50 cm   b) 7 m 4 cm   c) 9 m 50 cm   d) 6 m 20 cm   e) 10 m 10 cm
   4 m 27 cm   9 m 6 cm   9 m 25 cm   8 m 5 cm   10 m 1 cm

4 Gib die Längen in Meter und Zentimeter an.

a) 235 cm   b) 320 cm   c) 503 cm   d) 60 cm   e) 1000 cm
   436 cm   780 cm   801 cm   75 cm   1020 cm

5 Ordne nach der Länge, von klein nach groß.

a) 7 m | 7 cm | 77 cm | 77 m | 770 m   b) 8 m | 80 cm | 808 cm | 88 cm | 880 cm

| 1 m = 100 cm | 1 cm = 10 mm |
| ½ m = 50 cm | ½ cm = 5 mm |

4 ½ m = 400 cm + 50 cm
      = 450 cm

6 a) Schreibe in Zentimeter: ½ m   4 ½ m   2 ½ m   10 ½ m   1 ½ m

b) Schreibe in Millimeter: ½ cm   4 ½ cm   2 ½ cm   10 ½ cm   1 ½ cm

7 Millimeter (mm), Zentimeter (cm) oder Meter (m)?

a)
12 ___   7 ___

b)
5 ___   50 ___

c)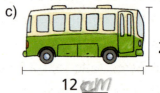
2 ___   12 ___

82

Kommaschreibweise

1 Die Kinder haben in eine Tabelle geschrieben, wie weit ihre Spielzeugautos gerollt sind. Lies vor und schreibe auf drei Weisen.

	Meter	Zentimeter	
	1 m	10 cm	1 cm
Janno	3	0	5
Iris	2	0	9
Mark	2	5	0
Sarah	1	7	5

3 0 5 cm = 3 m 5 cm = 3,05 m
Das Komma trennt Meter und Zentimeter.

2 Trage die Messungen in eine Tabelle ein. Dann schreibe auf drei Weisen.

Luis: zwei Meter siebenundfünfzig
Moni: drei Meter zwanzig
Michael: zwei Meter fünfundsechzig
Emilia: zwei Meter sieben

3 Ordne zu. Was gehört zusammen?

5,03 m | 3 m 50 cm | 530 cm | 5 m 3 cm | 3,50 m | 5 m 30 cm | 503 cm | 350 cm | 5,30 m

4 Schreibe mit Komma. Dann lies vor.

a) 5 m 30 cm
    5 m 3 cm
   15 m 33 cm

b) 11 m 45 cm
   12 m 30 cm
   13 m 5 cm

c) 704 cm
   740 cm
   407 cm

d) 818 cm
   880 cm
   808 cm

5 Schreibe mit Komma. Dann lies vor.

a) $\frac{1}{2}$ m   b) $3\frac{1}{2}$ m   c) $12\frac{1}{2}$ m

6 Ordne nach der Länge, von klein nach groß.

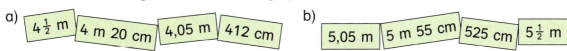

a) $4\frac{1}{2}$ m | 4 m 20 cm | 4,05 m | 412 cm

b) 5,05 m | 5 m 55 cm | 525 cm | $5\frac{1}{2}$ m

7 Rechne. Die drei Ergebnisse ergeben zusammen immer 15 m.

a) 10,50 m − 5 m
   8,70 m − 3 m
   9,80 m − 6 m

b) 6,50 m − 3,40 m
   7,80 m − 4,50 m
   10,90 m − 2,30 m

c) 9 m − 4,80 m
   7 m − 3,90 m
   10 m − 2,30 m

8 Eine Skizze kann dir helfen.

a) Ole holt ein neues Brett. Es ist 3,80 m lang. Er braucht nur die Hälfte.

b) Svens Auto rollt nur 1,60 m. Mias Auto rollt doppelt so weit.

c) Esras Auto rollt 2,10 m. Sofias Auto rollt 0,45 m weiter.

d) Leos Auto rollt nur 1,15 m. Es rollt genau halb so weit wie das Auto von Jake.

Fermi-Aufgabe: Stau auf der Autobahn

Es ist Sonntagmorgen.
Auf der Autobahn A1 zwischen Münster
und Greven hat es einen Unfall gegeben.
Der Verkehr staut sich auf 3 km Länge.
Wie viele Autos stehen im Stau?

Tipp 1
Wie lang ist ein Auto ungefähr?

Tipp 2
Wie stehen die Autos? Macht eine Skizze.

Tipp 3
Wie viele Fahrspuren gibt es auf dem Streckenabschnitt?

1 Wie lang ist ein Auto ungefähr?

Länge von Autos
Golf   3,70 m
Bulli   4,60 m
Ford Ka 3,30 m

„Wir rechnen mit 4 m."

2 Macht eine Skizze der Stau-Situation.

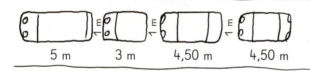

„Es ist ca. 1 m Abstand zwischen den Autos."
„Dann müssen wir mit 5 m rechnen."

3 Wie oft passt 5 Meter in 3 Kilometer?

Länge	5 m	10 m	100 m	1000 m	3000 m
Anzahl	1	2			

4 Wie viele Fahrspuren hat der Streckenabschnitt der A1 zwischen Münster und Greven?

„Das können wir im Internet nachsehen!"
„Das weiß mein Vater."

Fermi-Aufgaben: Diese Aufgaben sind nach dem Physiker
Enrico **Fermi** (1901–1954) benannt.
Für **Fermi-Aufgaben** muss man weitere Informationen suchen,
nachschlagen, etwas ausmessen, schätzen oder überschlagen.
Es gibt immer verschiedene Lösungswege.
Unterschiedliche Lösungen sind möglich.

Kreisdiagramm

1 **Sportfest in der Eichbergschule:**
Es gab Teilnehmerurkunden, Siegerurkunden und Ehrenurkunden.
Die Kreisdiagramme zeigen, wie sie in den einzelnen Klassen verteilt wurden.

Teilnehmerurkunde
Siegerurkunde
Ehrenurkunde

 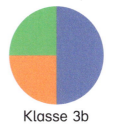 

Klasse 3a   Klasse 3b   Klasse 3c

Für welche Klassen gilt die Aussage?

a) Die meisten Kinder erhielten eine Siegerurkunde.

b) Teilnehmerurkunden wurden am wenigsten verteilt.

c) Alle Urkunden wurden gleich oft verteilt.

2 a) In den Klassen sind unterschiedlich viele Kinder.
Wie viele Kinder erhielten jeweils eine Teilnehmerurkunde?
Wie viele eine Siegerurkunde? Wie viele eine Ehrenurkunde?

Klasse 3a: 27 Kinder   Klasse 3b: 28 Kinder   Klasse 3c: 24 Kinder

b) Mirko sagt: „In Klasse 3b wurden genau so viele Teilnehmerurkunden vergeben wie in Klasse 3c." Lilo meint: „Das stimmt nicht." Wer hat Recht?

3 Am Sportfest in der Eichbergschule haben 241 Schülerinnen und Schüler teilgenommen. Welche Urkunden wurden am meisten verteilt? Welche am wenigsten?

4 **Nachmittag in der Südschule:** Die Kinder der dritten Klassen haben eine Beschäftigung für den Nachmittag ausgewählt. Es gibt drei Parallelklassen. Welches Kreisdiagramm passt zu welcher Klasse?

Klasse 3a	Klasse 3b	Klasse 3c
Basteln wollen genau so viele Kinder wie turnen. Auch Lesen und Musizieren ist gleich beliebt.	Turnen wollen weniger Kinder als basteln. Musizieren wollen halb so viele Kinder wie lesen.	Die meisten Kinder wollen turnen. Lesen wollen doppelt so viele Kinder wie musizieren.

Musizieren
Lesen
Turnen
Basteln

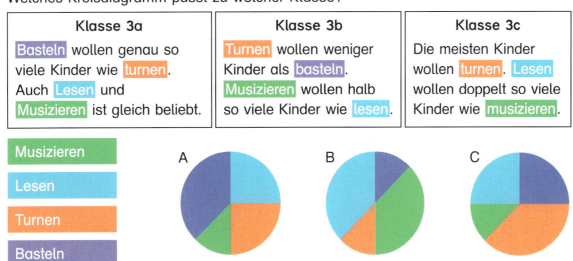

5 In den drei Parallelklassen der Südschule sind jeweils 24 Kinder.
Wie viele Kinder wollen in den einzelnen Klassen turnen?
Wie viele basteln? Wie viele lesen? Wie viele musizieren?

85

Balkendiagramm

Ninas Klasse führt im Februar eine Verkehrszählung durch. Eine Woche lang wird gezählt, wie viele Kinder täglich mit dem Auto zur Schule gebracht werden.

Uhrzeit	Mo	Di	Mi	Do	Fr
7.30–8.15 Uhr	𝍬𝍬𝍬𝍬 𝍬𝍬𝍬 𝍬𝍬𝍬 III	𝍬 I	𝍬𝍬 I	𝍬𝍬𝍬𝍬 𝍬𝍬 II	𝍬𝍬𝍬𝍬 𝍬𝍬𝍬
8.15–9.00 Uhr	𝍬𝍬𝍬𝍬 𝍬 II	𝍬𝍬𝍬𝍬 𝍬𝍬𝍬𝍬 𝍬 IIII	𝍬𝍬 IIII	𝍬 III	𝍬𝍬𝍬𝍬 𝍬

1 Berechne die Summen.
An welchem Tag wurden die meisten Kinder mit dem Auto gebracht?
An welchem Tag die wenigsten?

| Montag | 6 3 + 2 7 = 9 0 |
| Dienstag | |

2 Zeichne zu den Summen in Aufgabe 1 ein Balkendiagramm in dein Heft.

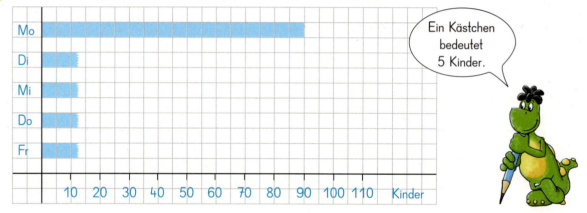

Ein Kästchen bedeutet 5 Kinder.

3 Welchen Wochentag meinen die Kinder?
Die Tabelle oder das Balkendiagramm können euch helfen.

a) Heute regnet es den ganzen Tag sehr heftig.

b) Heute ist ein besonders sonniger Tag. Viele kommen zu Fuß zur Schule.

c) Heute haben viele Klassen in der ersten Stunde frei.

4 Ninas Schule beteiligt sich am Projekt „Walking Bus".
Die Kinder gehen in Gruppen zu Fuß zur Schule. Begleitet werden sie von Eltern.
Nun wollen die Kinder wissen, ob wirklich weniger Kinder mit dem Auto gebracht werden. Sie führen im Mai noch mal eine Verkehrszählung durch.

Uhrzeit	Mo	Di	Mi	Do	Fr
7.30–8.15 Uhr	𝍬𝍬𝍬𝍬	𝍬 III	𝍬	𝍬𝍬 I	𝍬𝍬 II
8.15–9.00 Uhr	𝍬𝍬𝍬𝍬	𝍬𝍬 I	𝍬 I	𝍬𝍬 IIII	𝍬𝍬𝍬𝍬 IIII

a) Berechnet die Summen.

b) Zeichnet dazu ein Balkendiagramm.

c) Vergleicht mit der Verkehrszählung im Februar.

1. Ole, Lars und Tim machen ein Wettrennen.
Ole ist mit _____ s der Schnellste.
Tim braucht _____ s mehr als Ole.
Lars braucht _____ s mehr als Tim.

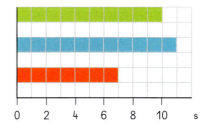

2. Ava, Katy und Insa laufen um die Wette.
Ihr Sportlehrer stoppt die Zeit.
Insa braucht _____ s.
Katy ist _____ s langsamer als Insa.
Ava ist _____ s schneller als Insa.

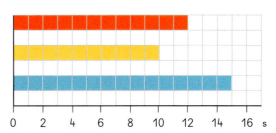

3. David, Jan, Lena und Nelly üben Hochsprung. David schafft nur 1,20 m.
Jan schafft 10 cm mehr. Lena springt 1,50 m hoch.
Nellys Sprung liegt genau zwischen Lena und Jan.

   a) Welches Balkendiagramm gehört zu dieser Rechengeschichte?
   Wie hoch springen die Kinder?

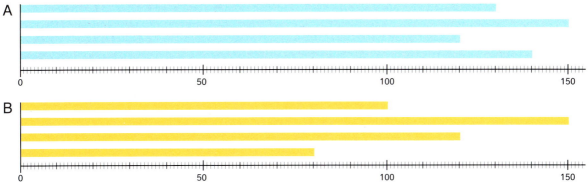

   b) Schreibe zu dem anderen Balkendiagramm auch eine Rechengeschichte.

4. Erik, Lasse, Tom und Ben üben Kraulen. Die Lehrerin stoppt ihre Zeiten.
Lasse ist mit 72 s der Langsamste. Ben braucht nur halb so viele Sekunden.
Erik benötigt 4 s mehr als Ben.

   a) Welches Balkendiagramm gehört zu dieser Rechengeschichte?
   Welche Zeiten erreichen die Jungen?

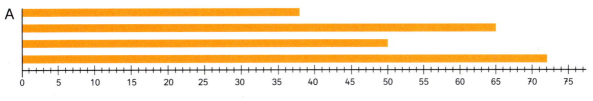

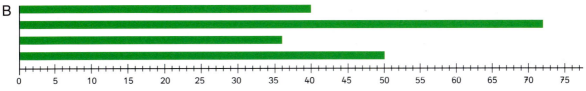

   b) Schreibe zu dem anderen Balkendiagramm auch eine Rechengeschichte.

Nach dieser Seite empfiehlt sich Diagnosetest D12.

Kannst du das noch?

Zehner-Einmaleins

1. a) 4 · 30   b) 2 · 50
      4 · 60   4 · 50
      4 · 90   8 · 50

2. a) 300 : 30   b) 360 : 60
      300 : 50   490 : 70

Wichtige Aufgaben

3. a) 100 : 100   b) 200 : 100
      100 : 50   200 : 50
      100 : 25   200 : 25
   c) 150 : 50   d) 350 : 50
      150 : 25   350 : 25

Multiplizieren und Dividieren

4. a) 3 · 33   b) 3 · 205
      3 · 66   2 · 409

5. a) 240 : 3   b) 320 : 8
      246 : 3   328 : 8

Addieren und Subtrahieren

6. a) 270 + 70   b) 380 + 199
      278 + 70   450 + 306

7. a) 520 − 60   b) 680 − 199
      527 − 60   940 − 520

8. a) 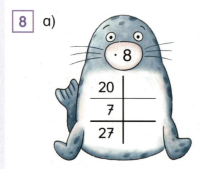   b) 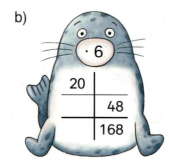   c)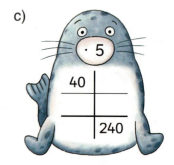

9. Wie viele Millimeter sind es?
   a) 3 cm 6 mm   b) 10 cm 4 mm
      5 cm 8 mm   12 cm 9 mm
      4 cm 0 mm   11 cm 7 mm

10. Ordne nach der Länge.
    a) 30 mm   3 cm 3 mm
       30 cm   3 mm
    b) 100 cm   1½ m
       1 m 15 cm   1,05 m

11. Würfelnetze

    a) Welche Netze sind keine Würfelnetze?
    b) Zeichne das richtige Würfelnetz in dein Heft. Welche Fläche ist oben (o), vorne (v), hinten (h), links (l), rechts (r)?

Kannst du das auch?

Jede Aufgabe ist anders.

Manchmal gibt es mehrere Lösungen.

1 Welche Quader passen zu diesem Netz?

A 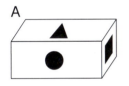   B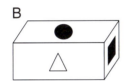

C 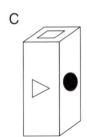   D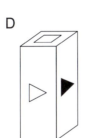

2 Beim Stadtlauf gehen in Lenas Startgruppe 28 Teilnehmer an den Start. Die Anzahl der Läufer, die vor Lena das Ziel erreichen, ist halb so groß wie die Anzahl derjenigen, die hinter Lena ins Ziel kommen.
Welchen Platz belegt Lena?

A: 9   B: 10   C: 11   D: 14

3
1 + 2 + 3 + 4 + 5 = 15
11 + 12 + 13 + 14 + 15 = 65
21 + 22 + 23 + 24 + 25 = 115
…
Welches Ergebnis steht in der 6. Reihe?

A: 90   B: 215   C: 230   D: 265

4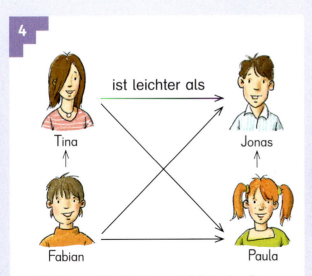

Welches Kind ist am leichtesten?
A: Tina   B: Jonas   C: Fabian   D: Paula

5 Tobias hatte vorgestern Geburtstag. Übermorgen ist Samstag.
Auf welchen Wochentag fiel der Geburtstag von Tobias?

A	B	C	D
Mittwoch	Dienstag	Sonntag	Montag

6 Tom spielt Glücksrad. Blau gewinnt. Welches Rad sollte er drehen?

A   B   C   D

Kopiervorlage auf DVD Digitale Lehrermaterialien 3 oder als kostenloser Download

Schriftliches Addieren

1 Lena legt und rechnet. Artur addiert schriftlich.

135 + 217

Erst die Einer.

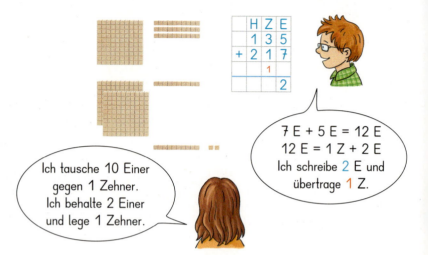

7 E + 5 E = 12 E

Ich tausche 10 Einer gegen 1 Zehner. Ich behalte 2 Einer und lege 1 Zehner.

7 E + 5 E = 12 E
12 E = 1 Z + 2 E
Ich schreibe 2 E und übertrage 1 Z.

Dann die Zehner.

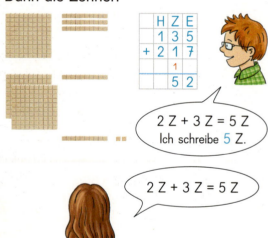

Dann die Hunderter.

2 Z + 3 Z = 5 Z
Ich schreibe 5 Z.

2 H + 1 H = 3 H
Ich schreibe 3 H.

2 Z + 3 Z = 5 Z

2 H + 1 H = 3 H

2 Rechne. Zuerst die Einer, dann die Zehner, dann die Hunderter.

a)
H	Z	E
	3	5	8
+	4	2	6

587

b)
H	Z	E
	2	5	3
+	4	1	8

634

c)
H	Z	E
	4	2	3
+	1	6	4

671

d)
H	Z	E
	3	3	6
+	4	1	7

753   784

Von unten nach oben, von rechts nach links, an Überträge denken, dann gelingt's.

3 Hier musst du zehn Zehner in einen Hunderter tauschen.

a)
H	Z	E
	5	8	2
+	2	4	7

719

b)
H	Z	E
	1	7	8
+	5	4	1

748

c)
H	Z	E
	3	7	4
+	3	7	4

829

d)
H	Z	E
	3	7	3
+	5	3	2

861   905

1 Lena legt und rechnet. Artur addiert schriftlich.

376 + 148

Erst die Einer.

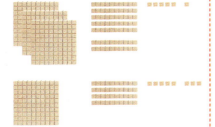 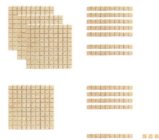

8 E + 6 E = 14 E

Ich tausche 10 Einer gegen 1 Zehner. Ich behalte 4 Einer und lege 1 Zehner.

8 E + 6 E = 14 E
14 E = 1 Z + 4 E
Ich schreibe 4 E und übertrage 1 Z.

Dann die Zehner.

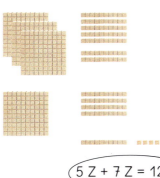 

5 Z + 7 Z = 12 Z

Ich tausche 10 Zehner gegen 1 Hunderter. Ich behalte 2 Zehner und lege 1 Hunderter.

5 Z + 7 Z = 12 Z
12 Z = 1 H + 2 Z
Ich schreibe 2 Z und übertrage ein 1 H.

Jetzt noch die Hunderter.

2 Rechne. Zuerst die Einer, dann die Zehner, dann die Hunderter.

a) H Z E
    4 4 4
  + 2 9 7
  ———————
    525

b) H Z E
    1 6 9
  + 3 5 6
  ———————
    642

c) H Z E
    5 6 2
  + 2 8 9
  ———————
    741

d) H Z E
    1 6 6
  + 6 7 4
  ———————
    762   840

e) H Z E
    6 7 8
  +   8 4
  ———————
    851

3 a) 3 5 7
      +   7 7
      ————————
        272

b) 4 5 9
  + 3 4 4
  ————————
    344   434

c) 2 8 6
  +   5 8

d) 3 0 3
  + 2 9 8
  ————————
    601

e)   8 5
  + 1 8 7
  ————————
    734   803

4 Schreibe stellengerecht untereinander, dann rechne.
a) 118 + 137   b) 372 + 83   c) 69 + 423   d) 91 + 381   e) 571 + 94
   255   392   455   472   492   665

91

Übungen

1 Immer zwei Fehler-Aufgaben gehören in eine Kiste. Überprüfe und ordne zu. Dann rechne richtig.

Aufgaben für Fehlerforscher

| Ziffern falsch addiert | Nicht stellengerecht notiert | Übertrag vergessen | Falscher Übertrag |

a) rote Kiste

a) 247 + 331 = 678
b) 225 + 106 = 321
c) 738 + 25 = 988
d) 235 + 224 = 559 (Übertrag 1)
e) 526 + 228 = 753 (Übertrag 1)
f) 230 + 66 + 110 = 1000 (Übertrag 1)
g) 247 + 317 + 27 = 581 (Übertrag 1)
h) 316 + 45 + 741 = 1002 (Übertrag 1)

2 Vier Aufgaben sind falsch. In welche Kiste gehören sie? Rechne richtig.

a) 264 + 465 = 629
b) 38 + 129 = 509 (Übertrag 1)
c) 434 + 234 + 14 = 692 (Übertrag 2)
d) 366 + 191 + 243 = 800 (Übertrag 2 1)
e) 174 + 593 + 69 = 736 (Übertrag 2 1)

3 Welche Ziffern fehlen, damit die Rechnung richtig wird? Achte auch auf Überträge.

a) 3▢5 + 21▢ = ▢69
b) 42▢ + ▢▢5 = 778
c) ▢▢▢ + 117 = 351
d) 43▢ + 2▢8 = ▢83
e) 43▢ + ▢76 = 6▢5

4
a) 359 + 106 + 328
b) 639 + 235 + 119
c) 406 + 129 + 375
d) 294 + 180 + 179
e) 508 + 246 + 162

f) 421 + 389 + 17
g) 58 + 214 + 367
h) 747 + 26 + 167
i) 472 + 36 + 19
j) 375 + 35 + 104

514   527   639   653   793   827   839   910   916   940   993

5 Schreibe stellengerecht untereinander, dann rechne. Jedes Ergebnis hat die Quersumme 14.

a) 219 + 121 + 214   b) 113 + 267 + 381   c) 208 + 68 + 431   d) 309 + 109 + 19

6
a) 24▢ + 310 + ▢41 = 7▢7
b) ▢3▢ + 407 + 110 = 6▢6
c) 46▢ + ▢43 + 122 = 8▢8
d) 186 + ▢8▢ + 407 = 9▢9
e) ▢▢▢ + 202 + 128 = 585

92

Den Zahlenblick schärfen

1 Welche Aufgaben rechnest du im Kopf? Welche schriftlich?

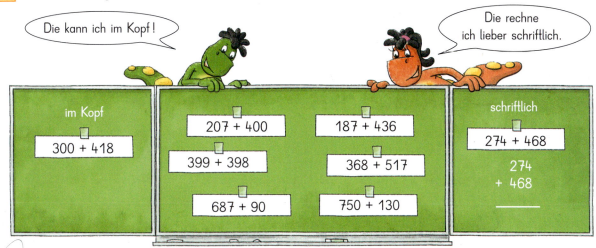

2 Im Kopf oder schriftlich? Wie geht es schneller? Entscheide bei jeder Aufgabe neu.
Alle Ergebnisse haben die Quersumme 12.

a) 250 + 320
   410 + 304
   312 + 312
   99 + 246

b) 80 + 580
   61 + 221
   200 + 415
   178 + 455

c) 401 + 133
   352 + 200
   524 + 289
   480 + 450

d) 300 + 140 + 400
   107 + 403 + 204
   150 + 202 + 200
   246 + 417 + 258

3

a) 299 + 627
   399 + 403

b) 699 + 136
   499 + 254

c) 172 + 298
   133 + 398

470   531   647   753   802   835   926

d) 699 + 157
   599 + 283

e) 299 + 217
   298 + 645

f) 431 + 498
   284 + 298

516   582   652   856   882   929   943

4 Schau genau hin. Dann kannst du die Aufgaben im Kopf rechnen.

a) 185 + 15 + 96
   379 + 21 + 93
   605 + 95 + 56

b) 450 + 388 + 50
   189 + 133 + 11
   507 + 177 + 93

c) 232 + 45 + 155
   243 + 75 + 225
   154 + 65 + 435

5 Wie heißt die Zahl?

a) Berechne die Summe von 437 und 63 und 189.

b) Addiere 724 und 76 und 48.

c) Wie groß ist die Summe von 266 und 388 und 234?

d) Addiere das Doppelte von 198 zu 104.

e) Addiere 124 zu der Summe von 19 und 281.

f) Addiere 150 zum Doppelten von 325.

93

Erst schätzen, dann rechnen

1

> Der **Überschlag** sagt dir, wie groß das Ergebnis ungefähr ist.

2 Rechnet in Kleingruppen. Ein Kind wählt die Aufgabe und rechnet wie Emil. Die anderen Kinder schreiben einen Überschlag auf. Vergleicht die Überschläge.

a) 123 + 288   b) 449 + 207   c) 721 + 179   d) 438 + 407   e) 264 + 509

3

Wähle zwei Zahlen. Addiere sie.

a) Summe kleiner als 500.
Es gibt fünf Aufgaben.
238   318   360   401   443

b) Summe zwischen 800 und 1000.
Es gibt fünf Aufgaben.
819   870   902   953   978

c) Summe zwischen 600 und 800.
Es gibt sechs Aufgaben.
630   697   713   739   748   790

4 Fermi-Aufgabe: Wie viele Stühle gibt es in eurer Schule?

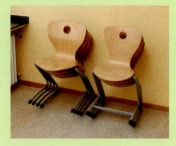

Tipp 1
Wie viele Stühle gibt es in eurem Klassenraum?

Tipp 2
Wo gibt es noch Stühle?

94   **3** Hier bleibt keine Lösungszahl übrig. **4** Fermi-Aufgabe: Offene Sachsituation. Kinder sammeln Daten, gehen eigene Lösungswege und können zu individuellen Ergebnissen kommen.

Rechnen mit Geld

1 Wie viel Euro kostet es zusammen? Schreibe wie Zahlix oder wie Zahline.

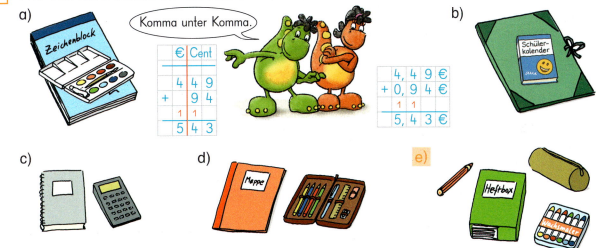

2 Im Kopf oder schriftlich?

a) 4,00 € + 2,99 €   b) 2,45 € + 2,20 €   c) 12,00 € + 3,05 €   d) 10,35 € + 4,99 €

 3,00 € + 3,69 €   6,85 € + 1,50 €   10,00 € + 5,60 €   12,50 € + 3,09 €

3 Berechne erst die Summe, dann das Rückgeld.

a) Dario kauft:

```
   8, 4 5 €
+  3, 4 9 €
_____

Es kostet _____

Dario erhält _____ zurück.
```

Er gibt .

b) Tim kauft:

Er gibt .

c) Marie kauft:

Sie gibt .

d) Carolin kauft:

Sie gibt .

e) Herr Lehmann kauft:

Er gibt .

Nach dieser Seite empfiehlt sich Diagnosetest D13.

Ebene Figuren

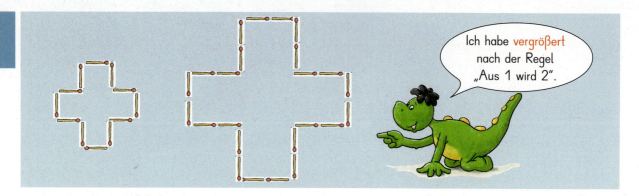

1 Lege die Figur erst mit Hölzchen nach. Vergrößere sie dann nach der Regel „Aus 1 wird 2". Wie viele Hölzchen brauchst du erst? Wie viele dann?

a)   b)   c)  d)

2 Lege mit Hölzchen ein Rechteck.
Dein Partner legt es vergrößert nach der Regel „Aus 1 wird 2". Wechselt ab.

3 Lege die Figur mit Hölzchen. Vergrößere nach der Regel „Aus 1 wird 2".

a)  b)   c)  d)

Ich habe verkleinert nach der Regel „Aus 2 wird 1".

4 Lege die Figur erst mit Hölzchen nach. Verkleinere sie dann nach der Regel „Aus 2 wird 1". Wie viele Hölzchen brauchst du erst? Wie viele dann?

a)  b)   c) d)

5 Lauras Schiff: a) Richtig vergrößert? b) Richtig verkleinert?

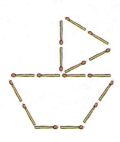
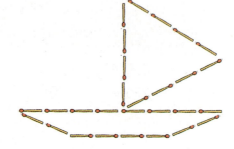

Figuren vergrößern und verkleinern

1 a) Zeichne den Pfeil mit dem Lineal.

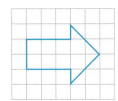 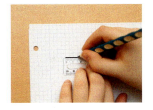  

b) Zeichne den Pfeil vergrößert, jede Linie doppelt so lang.

2 Zeichne die Pfeile vergrößert, jede Linie doppelt so lang.

a) 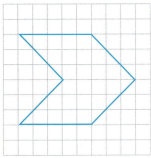   b) 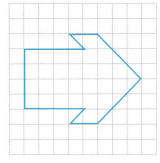   c)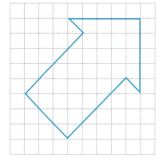

3 Zeichne die Figuren verkleinert, jede Linie halb so lang.

a) 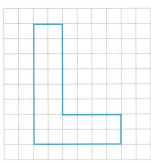   b) 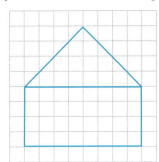   c)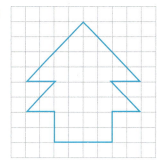

4 a) Zeichne das Muster weiter, drei Fische hintereinander.
b) Zeichne das Muster vergrößert, jede Linie doppelt so lang.
c) Zeichne das Muster verkleinert, jede Linie halb so lang.

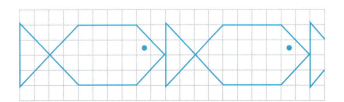

5 a) 480 − 160   b) 760 − 320   c) 940 − 540   d) 600 − 440   e) 530 − 230
440 − 140   700 − 350   900 − 580   640 − 410   580 − 290
430 − 180   740 − 360   960 − 570   610 − 440   500 − 270

6 a) 430 + ___ = 500   b) 450 + ___ = 530   c) 520 + ___ = 640
620 + ___ = 700   690 + ___ = 720   840 + ___ = 970
570 + ___ = 600   270 + ___ = 330   360 + ___ = 590

97

Achsensymmetrie

1 Welche Schilder sind achsensymmetrisch?
Wie viele Spiegelachsen findest du?
Prüfe mit dem Spiegel.

a)   b)   c)

Achsensymmetrische Dinge haben eine oder mehrere **Spiegelachsen**.

2 Sind diese Bilder achsensymmetrisch? Wie viele Spiegelachsen findest du?
Prüfe mit dem Spiegel.

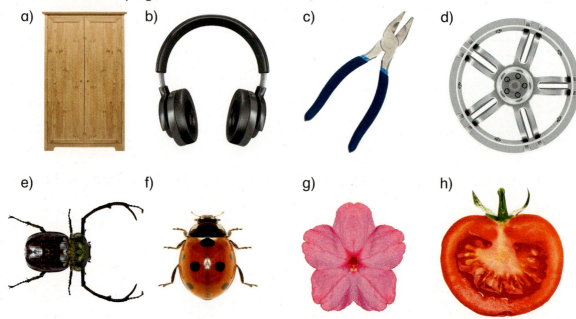

3 Die Kinder der Klasse 3a haben Boote gezeichnet und dann angemalt.
Wessen Boot ist achsensymmetrisch? Prüfe mit dem Spiegel.
Achte auch auf die Farben.

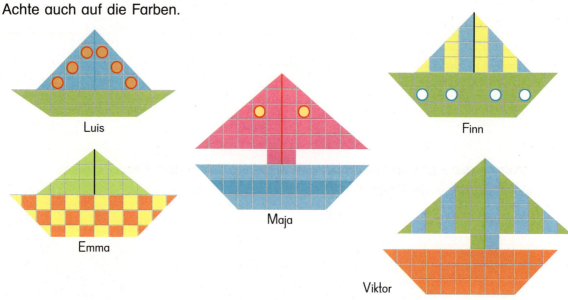

4 Nimm kariertes Papier. Zeichne selbst ein Boot und male es an.
Es soll achsensymmetrisch sein.

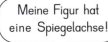 Meine Figur hat eine Spiegelachse!

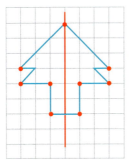

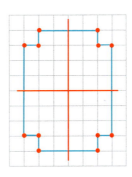

 Meine Figur hat zwei Spiegelachsen!

1 Zeichne die Figur in dein Heft. Hat sie eine oder zwei Spiegelachsen? Zeichne die Spiegelachsen rot ein. Überprüfe mit dem Spiegel.

a) 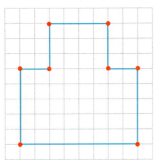   b) 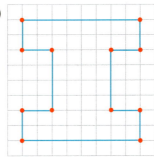   c)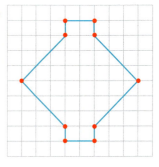

2 Zeichne die Figur und die Spiegelachse in dein Heft. Dann ergänze die Figur.

a) 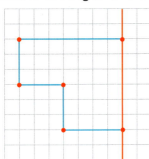   b) 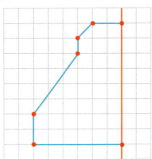   c)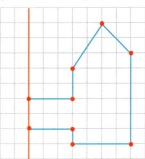

d) 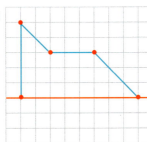   e) 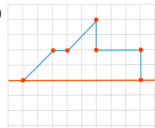   f)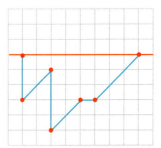

3 Zeichne die Figur und die beiden Spiegelachsen in dein Heft. Dann ergänze die Figur. Was entsteht?

a) 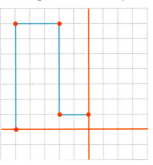   b) 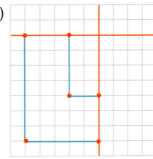   c)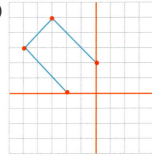

99

Spiegeln am Geobrett

1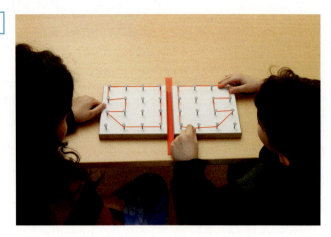

Teilnehmer: zwei Kinder

Material: zwei Geobretter

Spielidee: Spanne eine Figur. Dein Partner spannt das Spiegelbild.

Achtet dabei auf
– die Form der Figur,
– den Abstand zur Spiegelachse.

Überprüft mit dem Spiegel.

Dann wechselt euch ab.

2 Falsch gespiegelt. In jede Kiste gehören zwei Aufgaben. Überprüft und ordnet zu. Dann spannt richtig.

a) rote Kiste

falsche Form

falscher Abstand

nicht gespiegelt

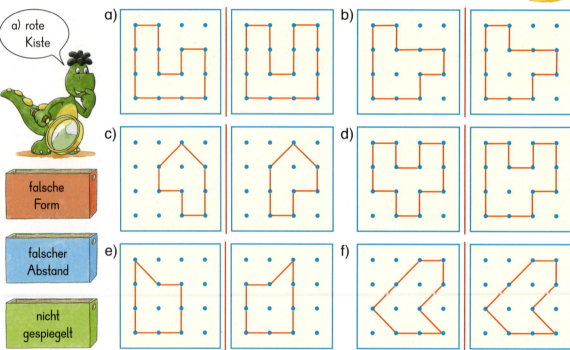

3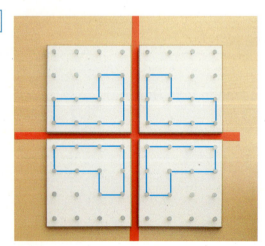

Teilnehmer: vier Kinder

Material: vier Geobretter

Spielidee: Spanne eine Figur. Deine Mitspieler spannen jeweils ein Spiegelbild.

Achtet dabei auf
– die Form der Figur,
– den Abstand zur Spiegelachse.

Überprüft mit dem Spiegel.
Dann wechselt euch ab.

Flächeninhalt am Geobrett

1 a) Spanne die Figuren nach.
   Wie viele Maßquadrate passen jeweils in die Figur?
   b) In welche Figuren passen gleich viele Maßquadrate?

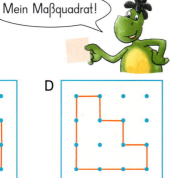

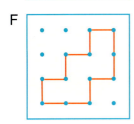
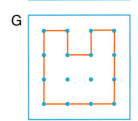
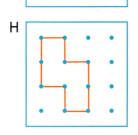

2 In welche Figuren passen gleich viele Maßquadrate?

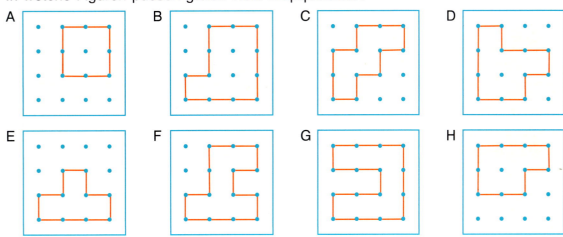

3 Spanne und zeichne eine eigene Figur.
   a) 4 Maßquadrate groß   b) 6 Maßquadrate groß   c) 8 Maßquadrate groß

4 In welche Figuren passen gleich viele Maßquadrate?

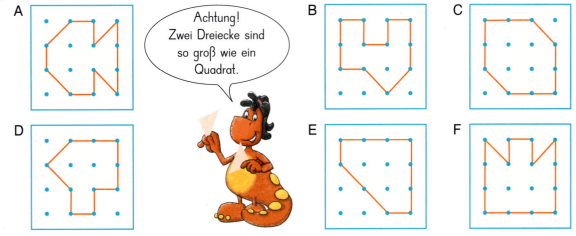

Nach dieser Seite empfiehlt sich Diagnosetest D14.

101

Schriftliches Subtrahieren

1 Lena legt und rechnet. Sie ergänzt. Artur subtrahiert schriftlich. Er ergänzt.

357 – 123

Erst die Einer.	Dann die Zehner.	Dann die Hunderter.
3 E + ___ E = 7 E	2 Z + ___ Z = 5 Z	1 H + ___ H = 3 H

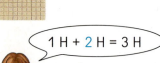

3 E + 4 E = 7 E
2 Z + 3 Z = 5 Z
1 H + 2 H = 3 H

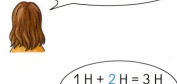

3 E + 4 E = 7 E
Ich schreibe 4 E.

2 Z + 3 Z = 5 Z
Ich schreibe 3 Z.

1 H + 2 H = 3 H
Ich schreibe 2 H.

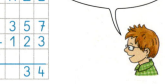

2 Rechne und sprich wie Artur. Erst die Einer, dann die Zehner, dann die Hunderter.

a) 357 – 132 = 144
b) 357 – 213 = 225
c) 735 – 123 = 414
d) 735 – 321 = 515
e) 735 – 132 = 603
   612

3 Rechne. Zuerst die Einer, dann die Zehner, dann die Hunderter.

a) 538 – 215
b) 748 – 425
c) 934 – 611
d) 864 – 541
e) 678 – 355

f) Was fällt dir auf? Alle Ergebnisse sind _____. Findest du weitere Aufgaben?

4 Schreibe stellengerecht untereinander, dann rechne.

a) 693 – 271   b) 974 – 362   c) 597 – 361   d) 644 – 213   e) 787 – 616
   171   236   326   422   612

Einführung in das schriftliche Subtrahieren durch Abziehen und Entbündeln auf Seite 124 und 125.
Danach weiter auf Seite 106.

Schriftliches Subtrahieren mit einem Übertrag

1 Lena legt und rechnet. Sie ergänzt. Arno subtrahiert schriftlich. Er ergänzt.

341 − 215

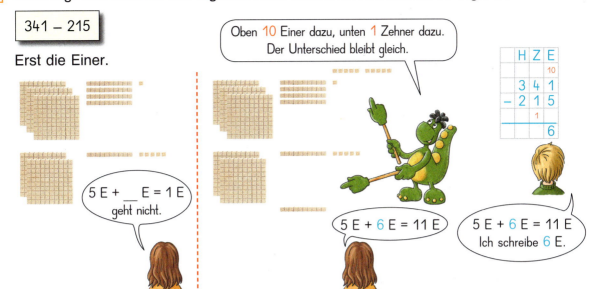

Erst die Einer.

5 E + __ E = 1 E geht nicht.

Oben 10 Einer dazu, unten 1 Zehner dazu. Der Unterschied bleibt gleich.

5 E + 6 E = 11 E

5 E + 6 E = 11 E
Ich schreibe 6 E.

Dann die Zehner.

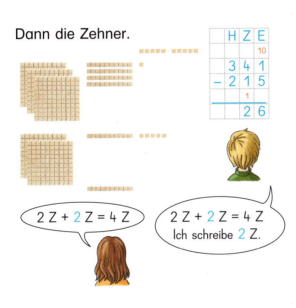

2 Z + 2 Z = 4 Z

2 Z + 2 Z = 4 Z
Ich schreibe 2 Z.

Dann die Hunderter.

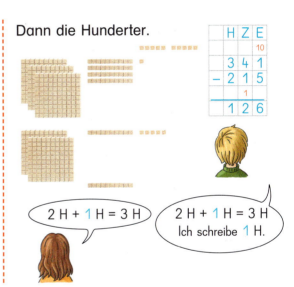

2 H + 1 H = 3 H

2 H + 1 H = 3 H
Ich schreibe 1 H.

2 Rechne. Zuerst die Einer, dann die Zehner, dann die Hunderter.

a) 876 − 427   325
b) 683 − 356   327
c) 742 − 417   336
d) 971 − 635   449
e) 852 − 338   514
    524

3
a) 869 − 278   453
Oben 10 Zehner dazu, unten 1 Hunderter dazu. Der Unterschied bleibt gleich.
b) 948 − 376   553
c) 854 − 63   572
d) 538 − 85   591
                   791

Schriftliches Subtrahieren mit zwei Überträgen   422 | 423

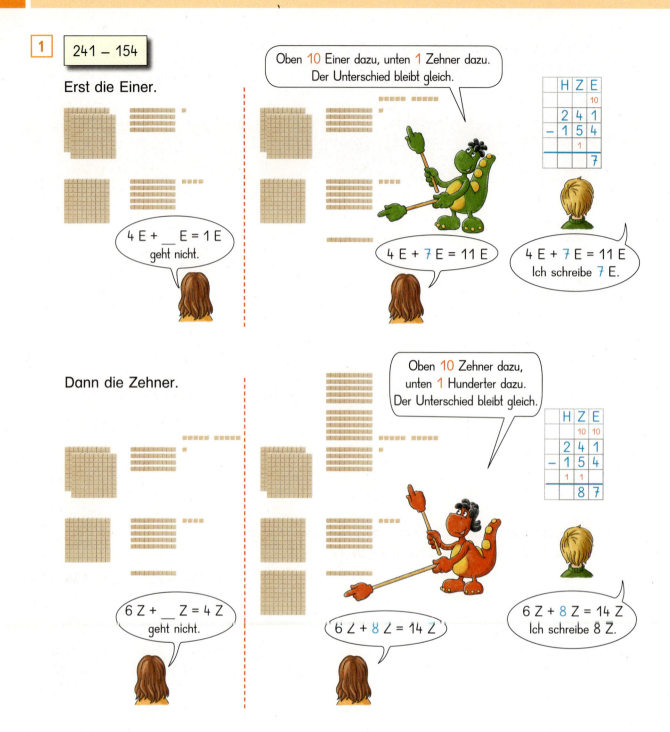

1 241 − 154

Erst die Einer.

4 E + __ E = 1 E geht nicht.

Oben 10 Einer dazu, unten 1 Zehner dazu. Der Unterschied bleibt gleich.

4 E + 7 E = 11 E

4 E + 7 E = 11 E Ich schreibe 7 E.

Dann die Zehner.

6 Z + __ Z = 4 Z geht nicht.

Oben 10 Zehner dazu, unten 1 Hunderter dazu. Der Unterschied bleibt gleich.

6 Z + 8 Z = 14 Z

6 Z + 8 Z = 14 Z Ich schreibe 8 Z.

2 Rechne. Zuerst die Einer, dann die Zehner, dann die Hunderter.

a) 653 − 278
b) 741 − 92
c) 836 − 259
d) 364 − 87
e) 320 − 148

172   277   375   577   583   649

3 Schreibe stellengerecht untereinander, dann rechne.

a) 736 − 523   b) 791 − 488   c) 732 − 528   d) 618 − 459   e) 933 − 266
f) 371 − 59   g) 298 − 157   h) 124 − 82   i) 292 − 68   j) 422 − 55

42   141   159   204   213   224   303   312   367   467   667

104

Übungen

1 Immer zwei Fehler-Aufgaben gehören in eine Kiste. Überprüfe und ordne zu. Dann rechne richtig.

Aufgaben für Fehlerforscher

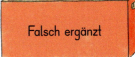

| Falsch ergänzt | Nicht stellengerecht notiert | Übertrag vergessen | Falscher Übertrag |

a) rote Kiste

a) 4 6 3
  − 2 7 5
    2 1 2

b) 4 9 3
  −   2 4
    2 5 3

c) 6 4 8
  − 3 2 6
      1
    2 2 2

d)   10 10
    5 3 0
  − 3 9 9
     1 1
    1 3 9

e)   10
    8 6 1
  − 3 4 7
    5 2 4

f)   10 10
    6 1 5
  − 3 2 3
     1 1
    2 8 2

g) 1 0 9 9
  −   1 0 1
          8 9

h)   10
    4 6 3
  − 2 7 5
    2 9 8

2 Vier Aufgaben sind falsch. In welche Kiste gehören sie? Rechne richtig.

a) 7 6 4
  − 4 5 7
    3 1 3

b)   10
    4 3 8
  − 2 1 5
      1
    2 1 3

c)   10
    6 5 4
  − 2 0 6
      1
    4 4 8

d)   10
    5 8 3
  −   4 9
      1
      9 3

e)   10 10
    7 1 2
  − 6 3 3
      1
    1 7 9

3 Schreibe stellengerecht untereinander, dann rechne. Jedes Ergebnis hat die Quersumme 12.

a) 512 − 86   b) 703 − 88   c) 322 − 67   d) 806 − 92   e) 154 − 79

4 Nullen in den Zahlen.

a) 709   b) 905   c) 621   d) 539   e) 604
  − 374   − 478   − 509   − 403   − 86
    112   136   239   335   427   518

5 Nullen in den Ergebnissen.

a) 936   b) 764   c) 993   d) 567   e) 925
  − 229   − 256   − 163   − 259   − 416
    308   380   508   509   707   830

6 Welche Ziffern fehlen, damit die Rechnung richtig wird? Achte auch auf Überträge.

a)   7 ■ 5
   − 2 3 ■
     ■ 6 3

b)   9 8 ■
   − 3 6 4
     ■ ■ 3

c)   ■ 1 7
   − 3 ■ 3
     1 7 ■

d)   6 ■ ■
   − ■ 8 2
     2 4 7

e)   ■ 7 ■
   − 2 ■ 2
     7 1 3

f)   7 ■ 3
   −   2 5
     5 4 ■

g)   ■ 7 2
   − 5 ■ ■
     3 4 6

h)   6 ■ ■
   − ■ 8 6
     2 4 7

i)   6 2 1
   − ■ ■ 4
     3 6 ■

j)   ■ 5 ■
   − 1 ■ 9
     2 4 1

105

Den Zahlenblick schärfen

1 Welche Aufgaben rechnest du im Kopf? Welche schriftlich?

2 Im Kopf oder schriftlich? Wie geht es schneller? Entscheide bei jeder Aufgabe neu.
Alle Ergebnisse haben die Quersumme 15.

a) 1000 − 40
801 − 30
614 − 59

b) 995 − 125
930 − 150
946 − 400

c) 682 − 505
502 − 307
755 − 101

d) 1000 − 130
1000 − 436
1000 − 508

3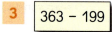

a) 363 − 199
475 − 299
   8   27

b) 926 − 899
780 − 599
164   176

c) 506 − 498
780 − 298
181   347   482

d) 831 − 399
702 − 699
  3   202

e) 438 − 199
501 − 299
239   385

f) 612 − 198
983 − 598
414   432   505

4 Schau genau hin, dann kannst du die Aufgabe im Kopf rechnen.

a) 368 − 168 − 190
527 − 227 − 270
814 − 414 − 320

b) 643 − 92 − 543
820 − 25 − 120
457 − 99 − 257

c) 750 − 689 − 50
571 − 495 − 71
926 − 891 − 26

5   8   9   10   11   15   30   80   101   675

5 Zahlenrätsel mit schönen Ergebnissen

a) Subtrahiere 473 von 895. Addiere zur Differenz noch 78.

b) Subtrahiere 573 von 610. Addiere zur Differenz noch 63.

c) Subtrahiere 277 von 819. Addiere zur Differenz noch 75 und 83.

d) Subtrahiere 484 von 934. Verdopple das Ergebnis.

e) Subtrahiere 598 von 603. Multipliziere die Differenz mit 40.

f) Subtrahiere 884 von 934. Multipliziere die Differenz mit 8.

g) Finde selbst ein Zahlenrätsel mit einem schönen Ergebnis.

Schätzen, rechnen, kontrollieren

1

2 Rechnet in Kleingruppen. Ein Kind wählt die Aufgabe und rechnet wie Mia.
Die anderen Kinder schreiben einen Überschlag auf. Vergleicht die Überschläge.

a) 386 − 149   b) 547 − 189   c) 684 − 112   d) 607 − 445   e) 721 − 387

3 Zahline rechnet die Aufgabe und zur Probe die Umkehraufgabe. Rechne wie Zahline.

a) 571 − 153   b) 725 − 218   c) 704 − 531

d) 568 − 196   e) 951 − 673   f) 806 − 772

a) 571 − 153 = 418   P: 418 + 153 = 571

4 Vier Aufgaben sind falsch. Rechne die Probe, um sie zu finden.
Rechne diese Aufgaben richtig.

a) 884 − 338 = 556   b) 923 − 609 = 214   c) 478 − 309 = 168   d) 727 − 273 = 454   e) 1000 − 826 = 284

5   0   2   3   5   6

Legt mit drei Ziffernkarten
eine dreistellige Zahl.
Subtrahiert sie von der ersten Zahl.
Es gibt viele Aufgaben.
Schreibt drei Aufgaben auf.

a) Die Differenz soll unter 200 sein.
b) Die Differenz soll über 600 sein.
c) Die Differenz soll zwischen 400 und 500 liegen.

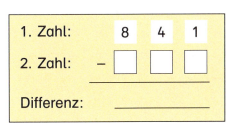

1. Zahl: 8 4 1
2. Zahl: − ☐ ☐ ☐
Differenz: _____

Rechnen mit Geld

1 Wie viel Geld bekommt Zahline zurück?

a) 4,49 €

```
  10,00 €
-  4,49 €
───────
    ,51 €
```

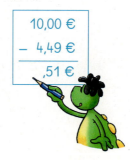

b) 5,65 €

c) 8,45 €

d) 1,39 €

e) 6,49 €

f) 1,74 €

g) 7,49 €

2 Im Kopf oder schriftlich?

a) 9,00 € − 7,99 €
   8,00 € − 5,69 €
   8,00 € − 4,98 €

b) 4,45 € − 3,20 €
   6,85 € − 5,10 €
   9,45 € − 7,50 €

c) 12,35 € − 11,99 €
   10,79 € − 10,09 €
   14,95 € − 14,90 €

0,05 €   0,36 €   0,70 €   1,01 €   1,05 €   1,25 €   1,75 €   1,95 €   2,31 €   3,02 €

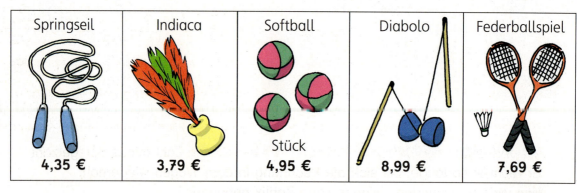

Springseil	Indiaca	Softball Stück	Diabolo	Federballspiel
4,35 €	3,79 €	4,95 €	8,99 €	7,69 €

3 a) Lara kauft ein Indiaca. Sie bezahlt mit einem 10-€-Schein.
b) Jakob kauft ein Diabolo. Er bezahlt mit einem 20-€-Schein.

4 a) Emilia kauft ein Springseil und ein Indiaca.
b) Sie bezahlt mit einem 20-€-Schein.

5 a) Jannis kauft einen Softball und ein Diabolo.
b) Er bezahlt mit einem 20-€-Schein.

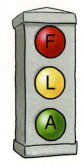

6 Die drei Ergebnisse in jedem Päckchen ergeben zusammen 10,00 €.

a) 9,85 € − 5,75 €
   9,99 € − 4,86 €
   5,51 € − 4,74 €

b) 13,84 € − 9,89 €
   10,00 € − 8,75 €
   11,95 € − 7,15 €

c) 20,00 € − 16,85 €
   15,00 € − 11,78 €
   18,00 € − 14,37 €

Kreative Aufgaben: Minus-Zug

1

Wählt drei verschiedene Ziffernkarten.

a) Legt damit eine dreistellige Zahl und schreibt sie auf.
Dann legt die Spiegelzahl und schreibt sie auf.

b) Legt eine andere dreistellige Zahl und ihre Spiegelzahl. Schreibt sie auf.

c) Wie viele verschiedene Möglichkeiten findet ihr?

2 Zahlix legt mit den Ziffernkarten 5, 4 und 7 die größte Zahl.
Er rechnet: Größte Zahl minus Spiegelzahl.

Mit den Ziffern der Differenz rechnet er weiter: Größte Zahl minus Spiegelzahl.
Er rechnet so lange, bis sich die Rechnung in dem Wagen wiederholt.
Wie viele verschiedene Wagen kann Zahlix anhängen?

3 Startet den Minus-Zug mit den Ziffernkarten 5, 1 und 2.
Wie viele verschiedene Wagen könnt ihr anhängen?

4 Wählt selbst drei verschiedene Ziffernkarten und startet den Minus-Zug.
Wie viele verschiedene Wagen könnt ihr anhängen?

5 Untersucht eure Minus-Züge. Es gibt viel zu entdecken.

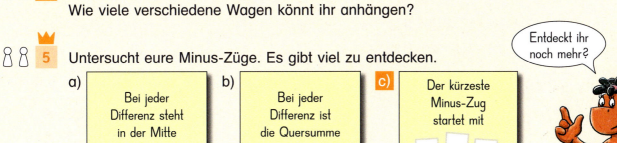

a) Bei jeder Differenz steht in der Mitte ____.

b) Bei jeder Differenz ist die Quersumme ____.

c) Der kürzeste Minus-Zug startet mit ☐ ☐ ☐.

Entdeckt ihr noch mehr?

Nach dieser Seite empfiehlt sich Diagnosetest D15.

Zeit

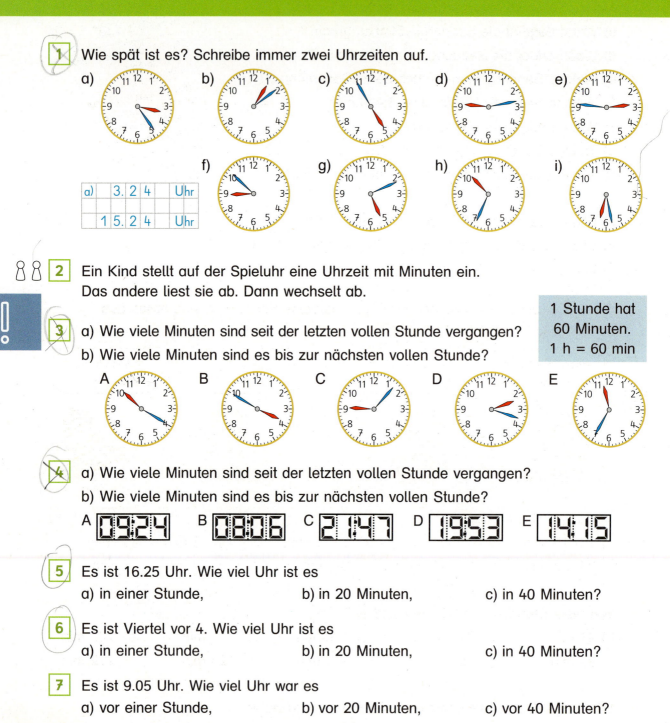

1 Wie spät ist es? Schreibe immer zwei Uhrzeiten auf.

a)	3.2 4	Uhr
	1 5.2 4	Uhr

2 Ein Kind stellt auf der Spieluhr eine Uhrzeit mit Minuten ein. Das andere liest sie ab. Dann wechselt ab.

1 Stunde hat 60 Minuten.
1 h = 60 min

3 a) Wie viele Minuten sind seit der letzten vollen Stunde vergangen?
b) Wie viele Minuten sind es bis zur nächsten vollen Stunde?

4 a) Wie viele Minuten sind seit der letzten vollen Stunde vergangen?
b) Wie viele Minuten sind es bis zur nächsten vollen Stunde?

A 09:24   B 08:06   C 21:47   D 19:53   E 14:15

5 Es ist 16.25 Uhr. Wie viel Uhr ist es
a) in einer Stunde,   b) in 20 Minuten,   c) in 40 Minuten?

6 Es ist Viertel vor 4. Wie viel Uhr ist es
a) in einer Stunde,   b) in 20 Minuten,   c) in 40 Minuten?

7 Es ist 9.05 Uhr. Wie viel Uhr war es
a) vor einer Stunde,   b) vor 20 Minuten,   c) vor 40 Minuten?

8 Stellt auf der Spieluhr eine Uhrzeit mit Minuten ein. Das eine Kind sagt, wie viel Uhr es in 40 Minuten ist. Das andere sagt, wie viel Uhr es vor 40 Minuten war. Dann wechselt ab.

9 a) Immer eine rote und eine blaue Karte gehören zusammen. Ordne zu.
Schreibe so: 20 vor 8 = 7.40 Uhr

| 20 vor 8 | 21.45 Uhr | 0.00 Uhr | 5 vor halb 11 | 5 vor 12 |
| Mitternacht | 10.25 Uhr | 7.40 Uhr | 11.55 Uhr | Viertel vor 10 |

b) Schreibe selbst Paare wie in a).

110

9 2 1

Uhrzeit und Dauer

15.45 Tischlein deck dich
17.00 Garfield
17.35 Hexe Lilli
18.00 Shaun das Schaf
18.15 Simsalagrimm
18.40 Der Mondbär
18.50 Sandmännchen
19.00 Der kleine Prinz
19.25 pur+
19.50 logo!

1 a) Wann beginnt die Sendung „Garfield"?
   b) Was wird vorher gezeigt, was nachher?
   c) Wann beginnt die Sendung „Simsalagrimm"?
   d) Wann endet die Sendung „Simsalagrimm"?
   e) Welche Sendung kommt nach dem „Sandmännchen"?
   f) Welche Sendung kommt um 18.40 Uhr?
      Wann endet diese Sendung?
   g) Welche Sendung kommt nach „Der kleine Prinz"?
   h) Welche Sendung kommt vor „Der kleine Prinz"?

2 a) Wie lange dauert die Sendung „Hexe Lilli"?
   b) Wie lange dauert die Sendung „Simsalagrimm"?
   c) Wie lange dauert das Märchen „Tischlein deck dich"?

3 Die Kinder dürfen eine Stunde am Tag fernsehen. Sie suchen sich etwas aus.
   Können sie die Sendungen sehen?

   a) Shaun das Schaf und pur+   b) Garfield und Hexe Lilli   c) Tischlein deck dich   d) Was suchst du aus?

    Silas    Greta   Alex

4 Wie viele Minuten sind es?   a) 1 h 15 min = 6 0 min + 1 5 min =

   a) 1 h 15 min   b) 1 h 54 min   c) 2 h 6 min   d) 1 h 33 min   e) ½ h
      2 h 30 min   2 h 47 min   3 h 9 min   2 h 28 min   ¼ h

5 Wie viele Stunden und Minuten sind es?   a) 9 1 min = 1 h 3 1 min

   a) 91 min   b) 74 min   c) 100 min   d) 113 min   e) 200 min
      85 min   99 min   110 min   125 min   222 min

6 Wie lange dauert es? Schreibe in Stunden und Minuten.

   a) von 16.50 Uhr bis 17.50 Uhr   d) von 19.55 Uhr bis 21.20 Uhr
   b) von 17.30 Uhr bis 18.50 Uhr   e) von 21.20 Uhr bis 23.10 Uhr
   c) von 15.40 Uhr bis 16.55 Uhr   f) von 23.40 Uhr bis 2.30 Uhr

7 Der Film „Rapunzel" war für 16.15 Uhr angekündigt. Stattdessen beginnt zu diesem
   Zeitpunkt eine Sondersendung. Der Film „Rapunzel" beginnt nun erst um 16.33 Uhr.
   a) Wie lange dauert die Sondersendung?
   b) Der Film dauert 90 Minuten. Wann endet der Film?

111

Minuten und Sekunden

A
B
C

1 a) Wo habt ihr solche Uhren schon einmal gesehen?
b) Wie viele Minuten sind seit der letzten vollen Stunde vergangen?

2 a) Welche Uhrzeit zeigen die Uhren sekundengenau an?
b) Wie viele Sekunden sind seit der letzten vollen Minute vergangen?

3 Vier Freunde machen ein Wettspiel beim Schuhebinden.
Wie schnell waren die Kinder?

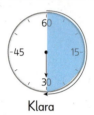 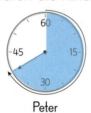  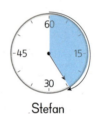
Klara Peter Sina Stefan

Klara:		Sekunden
Peter:		Sekunden

4 Wie viele Sekunden fehlen noch bis zur nächsten vollen Minute?
a) 55 s   b) 15 s   c) 32 s   d) 14 s   e) 56 s   f) 7 s   g) 90 s   h) 114 s

5 Wie viele Sekunden sind es?

a) | 1 min 1 2 s = 6 0 s + 1 2 s =

a) 1 min 12 s   b) 1 min 27 s   c) 1 ½ min
1 min 44 s   2 min 45 s   2 ¼ min
1 min 59 s   3 min 8 s   1 ¾ min

1 Minute = 60 Sekunden
½ Minute = 30 Sekunden
¼ Minute = 15 Sekunden
¾ Minute = 45 Sekunden

6 Wie viele Minuten und Sekunden sind es?

a) | 9 1 s = 1 min 3 1 s

a) 91 s   b) 74 s   c) 100 s   d) 113 s   e) 200 s   f) 250 s
80 s   90 s   105 s   130 s   210 s   300 s

7 Welche Einheit passt? Schreibe h, min oder s.

a) | 1 1 s

a) 50-m-Lauf: 11 s   b) Schultag: 5 h   c) Zähne putzen: 3 min
d) Pause: 20 min   e) Chorprobe: 60 min   f) Luftanhalten: 12 s
g) Hausaufgaben: ½ h   h) Glas Wasser trinken: 1 min

Fermi-Aufgabe: Atemzüge

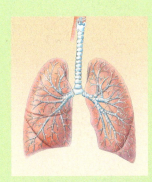

Der menschliche Körper braucht Luft zum Leben.
Mit jedem Atemzug nimmt die Lunge Luft auf.

Die Lunge kann die Luft nicht speichern. Der Mensch muss deshalb Tag und Nacht atmen. Das geschieht ganz automatisch.

Ein Erwachsener atmet in einer Minute ungefähr zwölfmal ein und aus. Atmet er mehr als tausendmal in einer Stunde? Kinder haben kleinere Lungen und müssen deshalb öfter atmen. Atmet ein Kind mehr als tausendmal in einer Stunde?

Tipp 1
Wie oft atmet ein Erwachsener in einer Stunde?
Benutze eine Rechentabelle als Lösungshilfe.

Tipp 2
Miss, wie oft du in einer Minute atmest.
Vergleiche die Zahl deiner Atemzüge mit anderen Kindern.

1 Wie oft atmet ein Erwachsener in einer Stunde?

Betül rechnet so:

Minuten	1	10	20	30	60
Atemzüge	12				

Joon rechnet so:

Minuten	1	6	60
Atemzüge	12		

2 Zähle, wie oft dein Partner in einer Minute atmet.
Miss mit einer Stoppuhr.
Damit die Messung möglichst genau wird, sage nicht, wann du anfängst zu zählen.

3 Die Kinder haben die Anzahl ihrer Atemzüge in einer Minute gemessen.

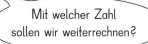

Mit welcher Zahl sollen wir weiterrechnen?

4 a) Wie oft atmet ein Schulkind in einer halben Stunde?
b) Atmet ein Kind mehr als tausendmal in einer Stunde?

5 Ein Säugling macht in einer halben Stunde ungefähr 900 Atemzüge.
Wie oft atmet ein Säugling in einer Minute?

Fermi-Aufgabe: Offene Sachsituation. Kinder sammeln Daten, gehen eigene Lösungswege und können zu individuellen Ergebnissen kommen.

Kannst du das noch?

1 Im Kopf oder schriftlich?

a) 275 + 423
  400 + 362
  350 + 350

b) 299 + 410
  369 + 235
  399 + 299

2 a) 896 − 234
  960 − 460
  650 − 230

b) 456 − 299
  701 − 698
  624 − 347

3 Zahlenrätsel

a) Addiere 300 und 160 und 150. Dann halbiere die Summe.

b) Subtrahiere 400 von 550. Multipliziere die Differenz mit 5.

4 Multiplizieren

a) 5 · 30
  7 · 40

b) 4 · 27
  6 · 49

c) 3 · 130
  6 · 120

d) 5 · 106
  7 · 108

5 Dividieren

a) 350 : 50
  700 : 50

b) 200 : 25
  400 : 25

c) 265 : 5
  372 : 6

d) 408 : 4
  321 : 3

6 a) Zeichne die Figuren in dein Heft.

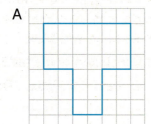
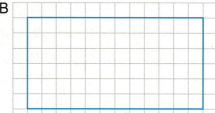
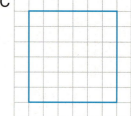

b) Eine Figur hat nur eine Spiegelachse. Zeichne sie rot ein.

c) Zwei Figuren haben mehrere Spiegelachsen. Zeichne sie rot ein.

d) Zeichne Figur A doppelt so groß in dein Heft.

e) Zeichne Figur B halb so groß in dein Heft.

7 Schreibe Frage (F), Lösung (L) und Antwort (A) auf.

a) Annas neuer Computer kostet 350,99 €. Für die Maus muss sie 43,50 € bezahlen. Der Stick kostet 8,90 €.

b) Anna hat zur Erstkommunion 450 € bekommen.

8 Schreibe mit Komma.

a) 4 m 60 cm
  3 m 3 cm

b) 10 m 25 cm
  15 m 7 cm

9 Ordne nach der Länge, von kurz nach lang.

5 m 4 cm   5 m 40 cm   54 cm   5,14 m

114

Kannst du das auch?

Jede Aufgabe ist anders.

Manchmal gibt es mehrere Lösungen.

1 Zahlen von 110 bis 140:
Bei wie vielen Zahlen ist Helenes Ergebnis größer als das von Sarah?

Ich addiere die Ziffern. — Helene
Ich multipliziere die Ziffern. — Sarah

A: 0   B: 10   C: 16   D: 30

2 In welchen Rechtecken ist die rote Fläche genau so groß wie die weiße Fläche?

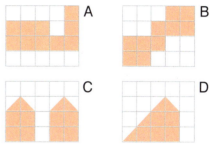

3 Aus kleinen Würfeln wird ein großer Würfel gebaut.

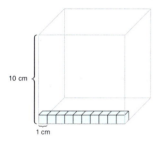

Stell dir vor, die kleinen Würfel werden alle übereinander zu einem Turm aufgebaut.
Wie hoch wäre dieser Turm?
A: 10 cm   B: 1 m   C: 10 m   D: 1 km

4 Fünf Freunde klettern an einer Kletterwand hinauf. Max kommt höher als Jana, aber nicht so hoch wie Sofia. Kai kommt höher als Levi, aber nicht so hoch wie Max.
Wer ist am höchsten geklettert?
A: Sofia   B: Levi   C: Max   D: Kai

5 Samuel sammelt Fußballbilder. In seinem Album passen immer neun Bilder auf eine Seite. Samuel kann seine Bilder so einsortieren, dass alle Seiten voll sind.
Wie viele Bilder hat er gesammelt?
A: 82   B: 100   C: 121   D: 144

6 Die beiden Waagen sind im Gleichgewicht.

Ein Stein wiegt 2 kg. Wie schwer ist eine Dose?   A: 500 g   B: 1 kg   C: 2 kg   D: 3 kg

Kopiervorlage auf DVD Digitale Lehrermaterialien 3 oder als kostenloser Download

Häufigkeit und Wahrscheinlichkeit

Augen-summe	Tom
2	II
3	I
4	II
5	IIII
6	IIII
7	IIII I
8	III
9	IIII
10	II
11	I
12	

Augen-summe	Eva
2	
3	I
4	II
5	IIII
6	IIII
7	IIII
8	IIII I
9	II
10	I
11	II
12	

Augen-summe	Ali
2	I
3	II
4	III
5	II
6	IIII
7	IIII I
8	IIII
9	II
10	III
11	II
12	I

1 Tom, Eva und Ali würfeln mit zwei Würfeln und notieren die Augensumme. Wie oft hat jedes Kind gewürfelt?

2 Die Kinder tragen ihre Ergebnisse in ein Schaubild ein. Vergleicht die gewürfelten Augensummen. Was fällt euch auf?

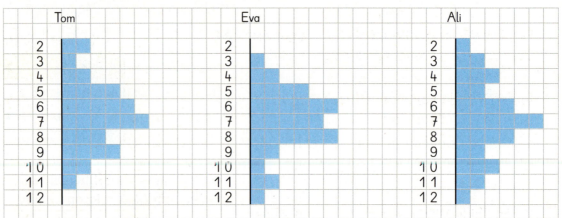

3 Die Kinder addieren ihre Ergebnisse und tragen sie in ein Schaubild ein.

a) Lest ab, wie oft sie jede Augensumme gewürfelt haben.

b) Die Augensumme 3 kommt selten vor. Nennt andere Augensummen, die auch selten vorkommen.

c) Die Augensumme 6 kommt häufig vor. Nennt andere Augensummen, die auch häufig vorkommen.

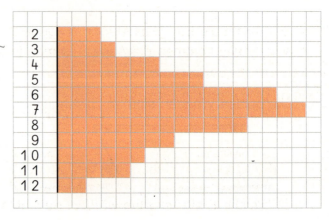

4 Würfelt in Vierergruppen. Jedes Kind würfelt 25-mal. Addiert eure Ergebnisse und erstellt ein Schaubild wie in Aufgabe 3. Vergleicht die Schaubilder. Was fällt euch auf?

Würfelspiel Augensummen

Augensummen würfeln
- Würfelt mit zwei Würfeln.
- Berechnet die Augensumme.

1 Welche Zahl zeigt der grüne Würfel?

a) Die Augensumme ist 7. Der gelbe Würfel zeigt eine 4.

b) Die Augensumme ist 11. Der gelbe Würfel zeigt eine 6.

c) Die Augensumme ist 9. Der gelbe Würfel zeigt eine 3.

2 Wie können die Kinder gewürfelt haben?

a) Die Augensumme ist 12.   b) Die Augensumme ist 9.

3 Spielt das Würfelspiel zu zweit. Jedes Kind wählt eine Ereigniskarte. Es wird abwechselnd gewürfelt. Passt die Augensumme zu der Ereigniskarte, erhält das Kind einen Punkt. Das Spiel endet nach zehn Runden.

A Augensumme genau 4   B Augensumme größer als 5   C Augensumme kleiner als 8   D Augensumme genau 10

4 Die Tabelle zeigt alle möglichen Augensummen. Schreibe die Tabelle vollständig ins Heft.

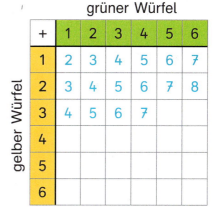

grüner Würfel

+	1	2	3	4	5	6
1	2	3	4	5	6	7
2	3	4	5	6	7	8
3	4	5	6	7		
4						
5						
6						

gelber Würfel

5 In der Tabelle kommen manche Augensummen häufiger vor als andere.

a) Welche kommen nur einmal vor?

b) Welche kommt am häufigsten vor?

6 Wenn beide Würfel die gleiche Zahl zeigen, nennt man das Pasch. Wie oft kommt in der Tabelle ein Pasch vor?

7 Vergleicht die Ereigniskarten in Aufgabe 3. Wie häufig kommen die Augensummen in der Tabelle vor?

8 a) Vergleicht die Ereigniskarten. Wie häufig kommen die Augensummen in der Tabelle vor?

A Augensumme gerade   B Augensumme ungerade   C Augensumme kleiner als 6   D Augensumme größer als 6

b) Welche Ereigniskarten würdest du wählen, um zu gewinnen?

9 Findet selbst Ereigniskarten.

a) Es ist unmöglich, dass du gewinnst.   b) Es ist sicher, dass du gewinnst.

Quersummen-Spiel

⎡1⎤ ⎡2⎤ ⎡3⎤ ⎡4⎤ ⎡5⎤ ⎡6⎤

- Legt die Ziffernkarten verdeckt auf den Tisch.
- Zieht drei Ziffernkarten. Bildet eine dreistellige Zahl.
- Berechnet die Quersumme.
- Legt die Ziffernkarten zurück.

Quersumme 10

⎡2⎤ ⎡5⎤ ⎡3⎤

1 Lilo, Josef und Anouk haben abwechselnd immer drei Ziffernkarten für eine dreistellige Zahl gezogen.

Jedes Kind hat seine Quersumme berechnet und in einer Strichliste notiert.

Wie viele Runden haben die Kinder gespielt?

Quer-summe	Lilo
6	II
7	I
8	II
9	III
10	IIII
11	IIII
12	IIII
13	IIII
14	III
15	I

Quer-summe	Josef
6	
7	I
8	IIII
9	IIII
10	III
11	IIII I
12	IIII I
13	II
14	I
15	II

Quer-summe	Anouk
6	II
7	III
8	III
9	IIII
10	IIII
11	IIII
12	IIII
13	III
14	
15	II

2 Die Kinder tragen ihre Ergebnisse in ein Schaubild ein.
Vergleicht die einzelnen Quersummen. Was fällt euch auf?

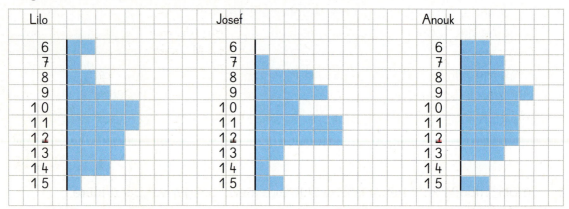

3 Die Kinder addieren ihre Ergebnisse und tragen sie in ein Schaubild ein.

a) Lies ab, wie oft jede Quersumme vorkommt.

b) Die Quersumme 6 kommt selten vor. Kannst du andere Quersummen nennen, die auch selten vorkommen?

c) Die Quersumme 9 kommt häufig vor. Kannst du andere Quersummen nennen, die auch häufig vorkommen?

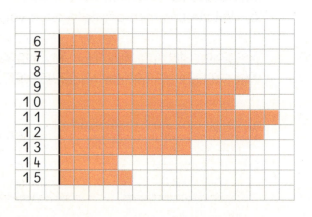

4 Spielt zu viert. Jedes Kind zieht 25-mal.
Addiert eure Ergebnisse und erstellt ein Schaubild wie in Aufgabe 3.
Vergleicht die Schaubilder. Was fällt euch auf?

118

1

Spielt das Quersummen-Spiel zu zweit:
Jedes Kind wählt eine Ereigniskarte.
Zieht abwechselnd drei Ziffernkarten.
Passt die Quersumme zu deiner Ereigniskarte,
erhältst du einen Punkt.
Das Spiel endet nach zehn Runden.

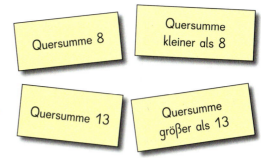

2 Welche Ziffernkarten können die Kinder gezogen haben?
Manchmal gibt es mehrere Möglichkeiten. Findest du sie alle?
a) Quersumme 13   b) Quersumme 14   c) Quersumme 12

3 a) Wie heißt die kleinste mögliche Quersumme?
Welche Ziffernkarten passen dazu?
b) Wie heißt die größte mögliche Quersumme?
Welche Ziffernkarten passen dazu?

4 Schreibe in eine Tabelle alle möglichen Quersummen (QS)
und zu jeder Quersumme drei Ziffernkarten, die dazu passen.
Manchmal gibt es mehrere Möglichkeiten. Schreibe sie alle auf.

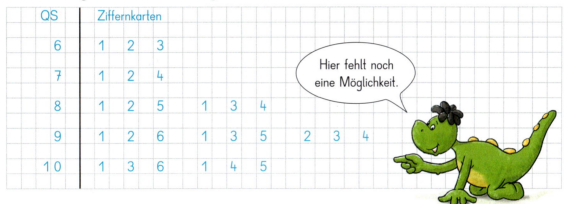

„Hier fehlt noch eine Möglichkeit."

QS	Ziffernkarten
6	1 2 3
7	1 2 4
8	1 2 5 1 3 4
9	1 2 6 1 3 5 2 3 4
10	1 3 6 1 4 5

5 In der Tabelle kommen manche Quersummen häufiger vor als andere.
a) Welche kommen nur einmal vor?
b) Welche kommen am häufigsten vor? Wie oft?

6 Vergleicht die Ereigniskarten in Aufgabe 1.
Wie häufig kommen die Quersummen in der Tabelle vor?

7 Vergleicht die Ereigniskarten.
Wie häufig kommen die Quersummen in der Tabelle vor?

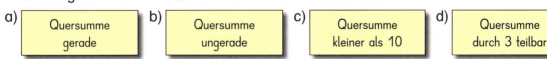

8 Anne zieht drei Ziffernkarten. Sicher, unmöglich oder möglich, aber nicht sicher?
Begründe deine Antwort.
a) Die Quersumme ist 5.   b) Die Quersumme ist größer als 5.
c) Die Quersumme ist kleiner als 15.   d) Die Quersumme ist durch 5 teilbar.

Nach dieser Seite empfiehlt sich Diagnosetest D16.

119

Orientierung im Grundriss

> Das ist ein Grundriss.
> Ein Grundriss ist eine Zeichnung.
> Im Grundriss schaut man **von oben** auf die Dinge.

1 Im Grundriss schaust du von oben auf die Dinge. Zeige im Grundriss Dinge, die du auf dem Foto wiedererkennst.
  a) Tafel b) Fenster
  c) Sechsertisch d) Vierertisch

2 a) Welche Dinge fehlen im Grundriss? b) Welche Dinge fehlen auf dem Foto?
  c) Warum ist das so?

3 Wer sitzt da?
  a) am Vierertisch links von Faris
  b) am Sechsertisch rechts von Mia
  c) an einem Dreiertisch gegenüber von Mehmet

4 Wer sitzt da?
  a) links von Johann b) rechts von Sofia c) gegenüber von Jakub

5 Stellt euch gegenseitig weitere „Wer sitzt da?"-Rätsel.

120

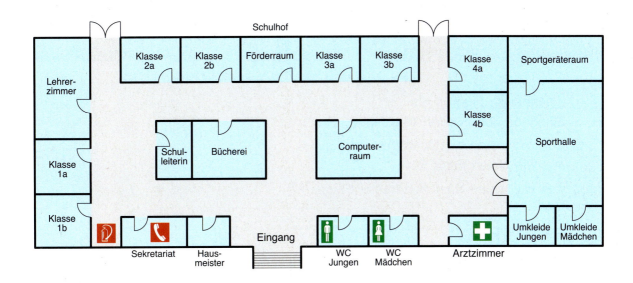

1 In welche Klasse gehen die Kinder?

a) Wir haben den kürzesten Weg zur Bücherei.

b) Wir haben den kürzesten Weg zum Computerraum.

c) Wir haben den kürzesten Weg zur Sporthalle.

d) Wir haben den kürzesten Weg zum Hausmeister.

2 Richtig oder falsch?
  a) Die Sporthalle befindet sich gegenüber vom Eingang.
  b) Die Klasse 3a wechselt in die Sporthalle. Sie kommt an der Klasse 2b vorbei.
  c) Die Klasse 4a wechselt in die Bücherei. Sie kommt an der Klasse 3a vorbei.
  d) Frau Simon geht vom Lehrerzimmer aus rechts in die Klasse 1a.
  e) Die Schulleiterin geht von ihrem Zimmer aus links in die Klasse 2a.

3 Stellt euch gegenseitig weitere „richtig oder falsch"-Rätsel.

4 Wohin gehen sie?

a) Hausmeister Jensen: Ich gehe aus meinem Raum erst nach links und dann nach rechts. In dem dritten Raum auf der linken Seite muss ich eine Lampe auswechseln.

b) Lisa: Ich gehe aus dem Raum der 1a, gehe nach links und dann nach rechts. Hinter der zweiten Tür auf der linken Seite treffe ich meinen Freund.

5 Beschreibe den Weg.
  a) Der Hausmeister bringt der Schulleiterin ein Paket.
  b) Lisa aus der Klasse 1a besucht Lotta aus der Klasse 3a.

121

Muster und Strukturen

1 a) Zeichne die Figuren ab.
Zeichne noch zwei weitere Figuren.

b) Aus wie vielen Kästchen besteht Figur 4,
aus wie vielen Figur 5?

c) Aus wie vielen Kästchen besteht Figur 7?

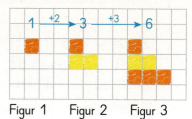

2 a) Zeichne die Figuren ab.
Zeichne noch zwei weitere Figuren.

b) Aus wie vielen Kästchen besteht Figur 4,
aus wie vielen Figur 5?

c) Aus wie vielen Kästchen besteht Figur 7?

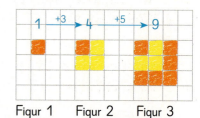

3 a) In Aufgabe 2 entstehen besondere Formen. Wie heißen sie?

b) Zahline sagt: „Es gibt eine Figur mit genau 100 Kästchen."
Hat Zahline recht? Erkläre.

4 a) Zeichne die Figuren ab.
Zeichne noch zwei weitere Figuren.

b) Aus wie vielen Kästchen besteht Figur 4,
aus wie vielen Figur 5?

c) Aus wie vielen Kästchen besteht Figur 7?

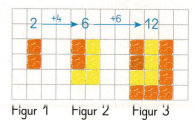

5 a) In Aufgabe 4 entstehen besondere Formen. Wie heißen sie?

b) Finde zu Figur 7 eine Mal-Aufgabe.

c) In einer Reihe sind neun Kästchen.
Aus wie vielen Reihen besteht die Figur insgesamt?

d) Zahlix sagt: „Es gibt eine Figur mit genau 100 Kästchen."
Hat Zahlix recht? Erkläre.

6 Janis und Selma haben sich Muster ausgedacht.
Denkt euch eigene Muster aus. Stellt euch Fragen dazu.

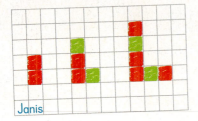
Janis

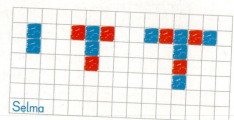
Selma

Ein besonderes Zahlendreieck

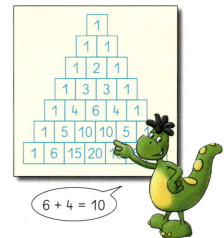

1. Die Kinder haben ein besonderes Zahlendreieck entworfen. Jede Zeile fängt mit 1 an und hört mit 1 auf. Wie haben die Kinder die anderen Zahlen berechnet?

2. Zeichnet selbst so ein Zahlendreieck. Setzt es nach unten weiter fort.

    „In diesem Zahlendreieck gibt es viel zu entdecken!"

3. Kira sagt: „Das Zahlenmuster ist symmetrisch." Was meint sie?

4. Färbt in einem Zahlendreieck die geraden Zahlen gelb. Es entsteht ein schönes Muster.

5. Schaut euch die Zahlen in den grünen Feldern an.
    a) Von oben nach unten werden die Zahlen immer _____ .
    b) Abwechselnd immer eine _____ und eine _____ Zahl.

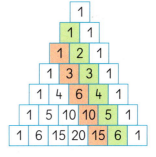

6. Schaut euch die Zahlen in den roten Feldern an.
    a) Von oben nach unten wird der Unterschied immer _____ .
    b) Abwechselnd immer _____ ungerade und _____ gerade Zahlen.

7. a) Addiert alle Zahlen, die in einer Zeile stehen. Wie weit kommt ihr?
    b) Schaut euch die Ergebnisse an. Was fällt euch auf?
       Von Zeile zu Zeile immer _____ .
    c) Tim sagt: „Das ist doch klar. Jede Zahl kommt in der nächsten Zeile in zwei Zahlen vor." Was meint er?

$1 + 1 = 2$
$1 + 2 + 1 = 4$
$1 + 3 + 3 + 1 = 8$
$1 + 4 + 6 + 4 + 1 =$

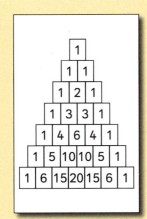

Dieses Zahlendreieck kannten die Menschen in Indien, Persien und China schon vor vielen hundert Jahren.

Ein berühmter Mathematiker aus Frankreich hat vor ungefähr 350 Jahren ein ganzes Buch darüber geschrieben, welche Muster und Regeln in diesem Dreieck zu entdecken sind.

Sein Name war Blaise **Pascal**. Deshalb heißt dieses Zahlendreieck auch heute noch **Pascalsches Dreieck**.

123

Schriftliches Subtrahieren (Abziehen und Entbündeln)

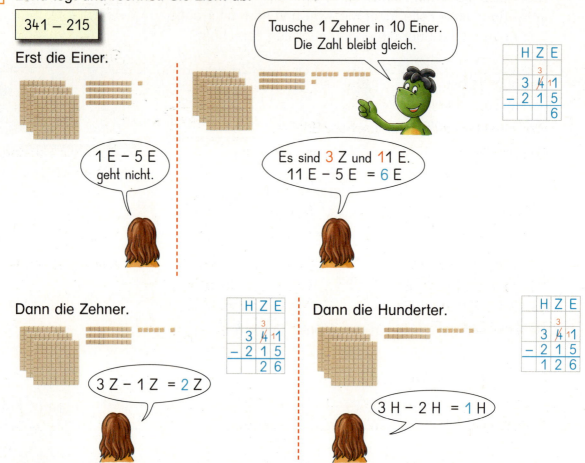

1 Lena legt und rechnet. Sie zieht ab.

341 − 215

2 Rechne. Zuerst die Einer, dann die Zehner, dann die Hunderter.

a) 876 − 427
b) 683 − 356
c) 742 − 417
d) 945 − 637
e) 564 − 457

3 Hier fehlt der Zehner zum Tauschen.

405 − 287

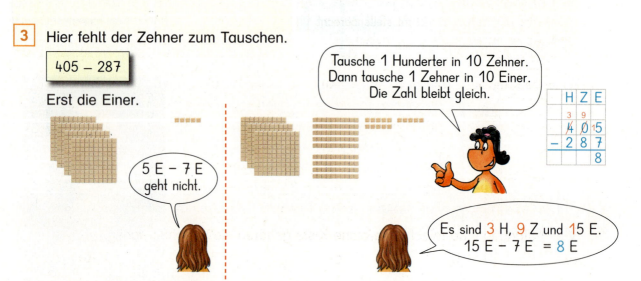

Seite 124 und 125 sind eine Alternative zu Seite 102 bis 105. Danach weiter auf Seite 106.

1 Hier musst du einen Hunderter in zehn Zehner tauschen. Dann gelingt's.

a) 854 − 373   b) 869 − 278   c) 753 − 291   d) 425 − 82   e) 518 − 44

2 Hier musst du zweimal tauschen. Erkläre.   546 − 157

Erst die Einer.

546 − 157

6 E − 7 E geht nicht.
1 Z getauscht in 10 E.
Es sind 3 Z und 16 E.
16 E − 7 E = 9 E

Dann die Zehner.

5 4 16 − 157

3 Z − 5 Z geht nicht.
1 H getauscht in 10 Z.
Es sind 4 H und 13 Z.
13 Z − 5 Z = 8 Z

Dann die Hunderter.

4 13
5 4 6 − 157
3 8 9

4 H − 1 H = 3 H

3
a) 632 − 278   b) 426 − 238   c) 724 − 347   d) 521 − 369   e) 835 − 468

152   188   212   354   367   377

4 Schreibe stellengerecht untereinander. Jedes Ergebnis hat die Quersumme 15.

a) 861 − 297   b) 941 − 359   c) 833 − 764   d) 731 − 464   e) 910 − 355

5 Immer zwei Fehler-Aufgaben gehören in eine Kiste. Überprüfe und ordne zu. Dann rechne richtig.

Aufgaben für Fehlerforscher

| Falsch subtrahiert | Nicht stellengerecht notiert | Tauschen vergessen | Falsch getauscht |

a) gelbe Kiste

a) 861 − 347 = 524
b) 492 − 24 = 252
c) 4 13 / 538 − 326 = 212
d) 4 12 / 5 3 13 − 399 = 123
e) 3 7 / 487 − 275 = 102
f) 463 − 275 = 212
g) 605 − 323 = 382
h) 1099 − 101 = 89

6 Vier Aufgaben sind falsch. In welche Kiste gehören sie? Rechne richtig.

a) 7 / 816 − 57 = 246
b) 638 − 375 = 343
c) 0 9 9 / 1000 − 364 = 636
d) 2 / 368 − 154 = 114
e) 527 − 133 = 494

125

Wortspeicher und Bausteine des Wissens

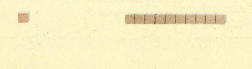

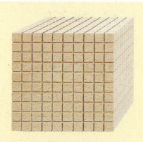

1 Einer   10 Einer   100 Einer   1000 Einer
              1 Zehner   10 Zehner   100 Zehner
                              1 Hunderter   10 Hunderter
                                                   1 Tausender

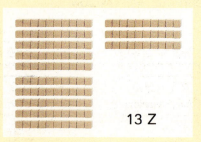

13 Z

Ich tausche 10 Zehner in 1 Hunderter.

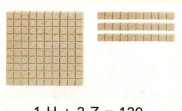

1 H + 3 Z = 130

13 Z = 1 H + 3 Z = 130

Stellentafel

284 ist eine dreistellige Zahl.

284

T	H	Z	E
	2	8	4
Tausender-stelle	Hunderter-stelle	Zehner-stelle	Einer-stelle

Die Zahl 284 hat die Ziffern 2 und 8 und 4.

8   2   4

Zahlenstrahl bis 1 000

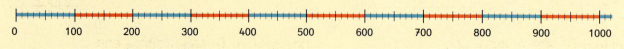

Nach rechts werden die Zahlen am Zahlenstrahl größer, nach links werden die Zahlen kleiner.

254 < 463
463 > 254

Vorgänger Nachfolger   Nachbarhunderter

V	Zahl	N
283	284	285

284 − 84 = 200   284 + 16 = 300

126

Wortspeicher und Bausteine des Wissens

Addiere 40 und 230.
40 + 230 = 270
Die Summe ist 270.

Subtrahiere 40 von 270.
270 − 40 = 230
Die Differenz ist 230.

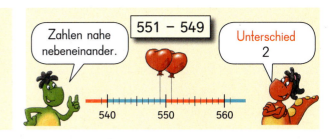

551 − 549
Zahlen nahe nebeneinander.
Unterschied 2

Multipliziere 4 und 70.
4 · 70 = 280
Das Produkt ist 280.

Dividiere 200 durch 40.
200 : 40 = 5
Das Ergebnis ist 5.

Dividieren mit Rest
203 : 5 = 40 Rest 3
Das Ergebnis ist 40 Rest 3.

Rechengesetze nutzen: Aufgabe und Tauschaufgabe
3 + 248 = 251,   denn   248 + 3 = 251   134 · 2 = 268,   denn   2 · 134 = 268

 Zahlenblick schärfen
Auf die richtige Stelle achten

524 + 400 = 924
524 + 40 = 564
524 +   4 = 528

536 − 300 = 236
536 − 30 = 506
536 −   3 = 533

Tipp für die 9

280 + 199
280 + 200, dann 1 weniger.

280 − 199
280 − 200, dann 1 mehr.

In Schritten addieren
460 + 270

460 + 270 = 730
460 + 200 = 660
660 + 70 = 730

460 + 270 = 730
400 + 200 = 600
 60 + 70 = 130

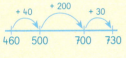

In Schritten subtrahieren
460 − 270

460 − 270 = 190
460 − 200 = 260
260 − 70 = 190

460 − 270 = 190
460 − 60 = 400
400 − 210 = 190

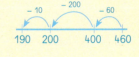

Schriftlich addieren
187 + 245

Von unten nach oben, von rechts nach links, an Überträge denken, dann gelingt's.

Überschlag: Ü: 200 + 200 = 400

Schriftlich subtrahieren
574 − 187

so   oder so

Überschlag: Ü: 600 − 200 = 400

In Schritten multiplizieren
3 · 64

3 · 64 = 192
3 · 60 = 180
3 · 4 = 12

3 · 99

Tipp für die 9

3 · 100, dann 3 weniger.

In Schritten dividieren
185 : 5

185 : 5 = 37
150 : 5 = 30
 35 : 5 = 7

160 : 6

160 : 6 = 26 Rest 4
120 : 6 = 20
 40 : 6 = 6 Rest 4

127

 und Bausteine des Wissens

Körperformen

Quader	Zylinder	Kugel	Kegel	Pyramide

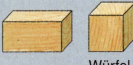 Würfel

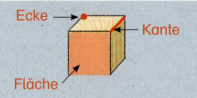 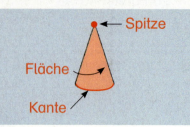

Würfelnetz

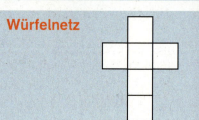

Achsensymmetrische Dinge haben eine oder mehrere **Spiegelachsen**.

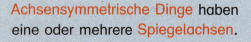

Mein **Würfelgebäude**.   Das ist der **Bauplan**.

Geld

Es kostet ein Euro fünfundzwanzig.

1,25 €

1,25 € = 1 € 25 ct = 125 ct
Das Komma trennt Euro und Cent.

Sachrechnen

 Frage
Lösung
Antwort

Tina kauft ein Ringheft für 2,38 €.
Sie zahlt mit einem 5-€-Schein.
● Wie viel Geld bekommt Tina zurück?

●   10 10   4 10
      5,00 €   5,0 0 €
   – 2,38 € oder – 2,3 8 €
      1 1
      2,62 €   2,6 2 €

● 2,62 € bekommt Tina zurück.

Länge

 drei Meter fünf

3,05 m = 3 m 5 cm = 305 cm

Kilometer	Meter	Zentimeter	Millimeter
1 km = 1000 m	1 m = 100 cm	1 cm = 10 mm	63 mm =
½ km = 500 m	½ m = 50 cm	½ cm = 5 mm	6 cm 3 mm

Gewicht

Kilogramm Gramm					
1 kg = 1000 g					
½ kg = 500 g	1 g	20 g	250 g	1 kg	10 kg

Zeit

	Viertel vor 8	Stunde	Minute	Sekunde
	7.45 Uhr	1 h = 60 min	1 min = 60 s	100 s =
	19.45 Uhr	½ h = 30 min	½ min = 30 s	1 min 40 s

128